边界河流水环境监测指标体系与断面布设优化

李基明　陈求稳　著

U0251257

中国环境出版社·北京

图书在版编目（CIP）数据

边界河流水环境监测指标体系与断面布设优化/李基明，
陈求稳著. —北京：中国环境出版社，2013.10
ISBN 978-7-5111-1405-1

Ⅰ．①边…　Ⅱ．①李…　②陈…　Ⅲ．①水质监测—自
动化监测系统—研究—黑龙江省　Ⅳ．①X832

中国版本图书馆 CIP 数据核字（2013）第 058651 号

出 版 人	王新程
策划编辑	丁莞歆
责任编辑	黄　颖
文字编辑	赵楠婕
责任校对	尹　芳
封面设计	刘丹妮

出版发行　中国环境出版社
　　　　　（100062　北京市东城区广渠门内大街 16 号）
　　　　　网　　址：http://www.cesp.com.cn
　　　　　电子邮箱：bjgl@cesp.com.cn
　　　　　联系电话：010-67112765（编辑管理部）
　　　　　　　　　　010-67175507（科技标准图书出版中心）
　　　　　发行热线：010-67125803，010-67113405（传真）
印　　刷　北京市联华印刷厂
经　　销　各地新华书店
版　　次　2013 年 10 月第 1 版
印　　次　2013 年 10 月第 1 次印刷
开　　本　787×1092　1/16
印　　张　7.25
字　　数　146 千字
定　　价　21.00 元

序 言

中国拥有大、小国际河流（湖泊）40 多条，其中界河（指形成共同边界的河流）3 条，跨国河流（跨越而不是分隔两国或两个以上国家的河流）12 条。这些国际河流的公平合理利用和协调管理，直接影响着中国近 1/3 国土的可持续发展，也影响着中国与 15 个毗邻国关系的稳定与睦邻友好以及 30 个跨境民族、2.2 万多千米陆地边界的维护与管理，其综合影响几乎涉及亚洲大陆的所有国家和世界近一半人口。

本书以边界河流黑龙江为对象，深入介绍了中俄水环境管理的异同性，阐明中俄界河的水环境现状与时空变化规律，提出面向界河的水环境管理指标体系，建立界河水环境监测断面优化布设方法，并对中俄界河进行了监测方案优化。本书对提升我国界河水环境管理能力、解决跨境河流环境污染争端有重要参考意义。

本书的研究得到了环境保护部公益性行业专项"跨国界（俄罗斯）流域水环境监测指标体系与断面优化布置研究"（200709010）、973 课题"变化环境下长江口生态系统的响应过程和机理"（2010CB429004）、中国科学院"百人计划"（No. A1049）等的资助。

本书倾注了多人的心血，包括吴文强、李艳芳、张晓梅、曲茉莉、李博、周爱申等，在此表示衷心的感谢。

由于作者水平所限，书中难免存在失当之处，敬请读者提出宝贵意见和建议。

作 者

2012 年 11 月

前　言

中国拥有大、小国际河流（湖泊）40多条，数量居于世界前列，重要的国际河流有15条，主要分布在我国东北、西南、西北。其中有3条界河（指形成共同边界的河流，如黑龙江、鸭绿江、图们江）和12条跨国河流（跨越而不是分隔两国或两个以上国家的河流，如怒江-萨尔温江、元江-红河、额尔齐斯-鄂毕河等）。这些国际河流的公平合理利用和协调管理，直接影响着中国近1/3国土的可持续发展，也影响着中国与15个毗邻国关系的稳定与睦邻友好以及30个跨境民族、2.2万多千米陆地边界的维护与管理，其综合影响几乎涉及亚洲大陆的所有国家和世界近一半人口。

发生于2005年松花江的"11·13"硝基苯泄漏事故引起国际强烈反响，导致中俄环境争端，对于中国本来就因环境问题面临的国际压力而言更是雪上加霜。早在2002年2月，中俄就签署了《中俄联合监测界江备忘录》，决定对黑龙江和乌苏里江进行密切监测。跨国界流域的水环境监测与管理问题已经成为影响国际关系和国民经济发展的重大问题，深入研究跨国界流域水环境管理已迫在眉睫。

跨国界流域水环境监测是跨国界河流水环境管理的基础，其数据的准确性、代表性和一致性涉及各方对水环境资源的分配与利用，直接关系到各方的利益争端，这不仅是学术问题，也是环境外交问题，因此跨国界河流水环境监测的指标体系、断面布置、监测分析方法是水环境监测管理的前沿和热点。其研究成果可以提升跨国界流域水环境监控能力，支撑国际间环境履约。

本书以边界河流黑龙江为对象，通过不同水文情势下的高密度监测和构建水环境数值模型，掌握黑龙江主要水系水环境现状以及时空变化规律，对比分析中俄水环境管理特征，优化流域水环境监测断面布设及监测指标体系。本书的核心内容包括：

（1）中俄两国水环境管理特征。中俄两国在水环境管理、地表水监测技术规范、水质标准等方面存在着一定的差异。管理手段方面，在经济手段、技术手段和行政手段方面中国比俄罗斯完善，而在法律手段、宣传教育手段以及基于自愿协商的非管制手段方面俄罗斯比中国完善。在地表水监测技术规范中，中国侧重的是污染控制指标，俄罗斯侧重的是生物要素和主要离子浓度。水质标准方面，金属和有机污染物等指标俄罗斯明显严于中国。

（2）中俄界河水环境现状及变化规律。通过丰、平、枯水期翔实的河流水环境调查，介绍黑龙江、乌苏里江干流及主要一级支流的水环境现状。结合现状水质调查结果以及已有的历史长序列水质监测资料，分析水质变化趋势。整体来说，黑龙江和乌苏里江干流水质整体较好，局部城市河段相对较差，高锰酸盐指数和氨氮浓度偏高；支流松花江水质污染严重，以有机污染为主。流域水环境从长期来看，有恶化趋势，年内由于径流情势的影响，水质波动较大。

（3）水环境监测断面布设优化。利用流域水文、水环境监测数据，通过建立水质数值模型，掌握黑龙江干流典型水文条件下水环境因子时空分布规律，结合物元分析、模糊聚类等方法优化黑龙江干流水环境监测断面布设，识别现有监测断面存在的冗余和盲区，提出断面增减方案。本书提出的水环境模型和物元分析相结合的方法可以有效地解决资料匮乏问题，为其他河流监测断面优化布设提供支持。

（4）界河监测指标体系。中俄水环境管理手段、地表水监测技术规范和水质标准的差异导致监测指标体系存在较大不同。本书重点介绍面向中俄水环境管理特点的界河水环境监测指标体系，指标的选定同时兼顾界河双方在关键指标方面的差异性，监测断面布设、监测时间选择、监测频率设置以及水质评价方法也进行了相应的调整。

总之，本书深入介绍了中俄水环境管理的异同性，阐明了中俄界河的水环境现状与时空变化规律，提出了面向界河的水环境管理指标体系，建立了界河水环境监测断面优化布设方法，并对中俄界河进行了方案优化。书中内容对提升我国界河水环境管理能力，解决跨境河流环境污染争端有重要参考意义。

目　录

第1章　黑龙江流域概况

1.1　背景资料

中国拥有大、小国际河流（湖泊）40 多条，数量居于世界前列，重要的国际河流有 15 条，主要分布在我国东北、西南、西北。其中有 3 条界河（指形成共同边界的河流，如黑龙江、鸭绿江、图们江）和 12 条跨国河流（跨越而不是分隔两国或两个以上国家的河流，如怒江—萨尔温江、元江—红河、额尔齐斯—鄂毕河等）。这些国际河流的公平合理利用和协调管理，直接影响着中国近 1/3 国土的可持续发展，也影响着中国与 15 个毗邻国关系的稳定与睦邻友好以及 30 个跨境民族、2.2 万多千米陆地边界的维护与管理，其综合影响几乎涉及亚洲大陆的所有国家和世界近一半人口。

发生于 2005 年松花江的"11·13"硝基苯泄漏事故引起国际强烈反响，导致中俄环境争端，对于中国本来就因环境问题面临的国际压力而言更是雪上加霜。早在 2002 年 2 月，中俄就签署了《中俄联合监测界江备忘录》，决定对黑龙江和乌苏里江进行密切监测。2003 年，中国政府计划在未来 15 年内投资 215 亿元治理松花江跨国界污染。由于上述环境事故的发生，中俄双方紧急制定了《松花江水污染事件中俄应急联合监测后续计划》。国务院总理温家宝 2006 年 3 月 29 日主持召开国务院常务会议，审议并原则通过《松花江流域水污染防治规划（2006—2010 年）》。"十一五"期间，国家确定松花江流域水污染防治重点项目规划总投资 134 亿元，2007 年 1 月 5 日，国务院副总理回良玉亲自参加水利部召开的流域综合规划修编准备和修编工作会议，会上再次强调了跨国流域环境管理、治理与综合规划的重要性。2007 年 3 月，胡锦涛总书记作出重要批示，指出松花江流域污染治理任务十分繁重，关系本地区可持续发展，也会影响中俄关系。可见，跨国界流域的水环境监测与管理问题已经引起了党和国家的高度重视，成为影响国际关系和国民经济发展的重大问题，深入研究跨国界流域水环境管理已迫在眉睫。

我国东北地区主要界河有额尔古纳河、黑龙江干流、乌苏里江、绥芬河、图们江和鸭绿江等，东北地区中，尤以黑龙江省的跨国界流域面积所占份额最大，且境内的松花江流域水污染问题最为严重。

本书选取黑龙江省境内的与俄罗斯为界的黑龙江干流和乌苏里江干流跨国界流域为对象，重点介绍中俄界河水环境监测和管理的异同，提出面向界河的水环境管理指标体系，建立界河水环境监测断面优化布设方法，并在中俄界河进行应用。

1.2 流域特征

黑龙江干流中上游段中方主要支流有额尔古纳河、额木尔河、呼玛河、逊河、松花江，俄方主要支流有石勒喀河、结雅河、布列亚河、比占河和比腊河等。

乌苏里江干流上中方主要支流有松阿察河、穆棱河、挠力河，俄方主要支流有乌拉河、伊曼河、比金河和和罗河等。

1.2.1 黑龙江流域特征

1.2.1.1 流域概况

黑龙江是世界最大的界河之一，位于我国北部，流域在北纬42°~56°、东经108°~141°，地跨中国、俄罗斯和蒙古三国。从发源地到鄂霍次克海，全长4 344 km（包括额尔古纳河）。黑龙江流域包括我国东北地区、俄罗斯远东地区的大部和蒙古的东部，流域面积187万 km²。

黑龙江水系支流众多，流域面积在5万 km²以上的有额尔古纳河、石勒喀河、结雅河、布列亚河、松花江、乌苏里江、阿穆贡河等。黑龙江上游由额尔古纳河和石勒喀河汇合而成，石勒喀河在北，流经俄罗斯境内，额尔古纳河在南，为中俄界河，两河在思和哈达汇流后始称黑龙江。

黑龙江干流航道里程长2 865 km，由两河汇流处向东北作套状弯曲，经黑河至伯力又向南作套状弯曲，以后又转向东北，由尼古拉耶夫斯克入海。根据河道特征，一般将黑龙江分为三段：两河汇流处（恩和哈达）至黑河，航道里程894 km，称黑龙江上游；黑河至伯力，航道里程996 km，称黑龙江中游；伯力至鄂霍次克海的入海口，航道里程975 km，称黑龙江下游（俄罗斯境内）。

黑龙江流域大部分地区都是山区或多山地区，流域内有许多山脉，如大、小兴安岭、张广才岭、完达山脉及外兴安岭等山脉分隔着它的干支流，流域内的平原和低地所占面积很少，多分布在黑龙江中、下游，支流两岸及汇流三角洲地带，如三江平原、松嫩平原及黑龙江下游沿岸低地等。

1.2.1.2 河道特点

（1）黑龙江上游

黑龙江上游河道穿行于花岗岩、砂岩及玄武岩山地中。因地壳上升与河流下切的作用，河道多形成峡谷，沿程有串珠状的盆地，河道蜿蜒于山峡河谷之间。两岸遍布森林，并且多有险峻悬崖逼临河岸。在支流汇入处又多形成网状水道，构成诸多的灌木丛生的岛屿，连崟以上，向大兴安岭逼进，江面狭窄，水流较急；连崟以下，河道折向东南，河面逐渐开阔，水流渐缓。黑龙江上游江面宽在400~1 000 m。

黑龙江上游属山区河道，但河流纵向比降较一般山区河流要小，流态与流量相对也较平稳，河床底质一般为卵石和粗砂，局部地段为石质与礁石。整个河段水流基本在狭窄的山谷中流动，峡谷段一般流速较大，在河底礁石众多的河段，有很明显的涡流现象。

（2）黑龙江中游

黑龙江中游西起黑河，东至伯力，全长 996 km。中游除嘉荫、萝北、同江县境内有一部分山区外，其余均为平原。黑河以下有结雅河汇入，常家屯对岸有布列亚河汇入，同江有松花江汇入，流量显著增加。嘉荫以上河宽 1 500 m 左右，江中多岛屿沙洲，左岸有广大的结雅-布列亚低地；嘉荫以下，大江切入小兴安岭山脉，使嘉荫至兴东 100 余千米的河段河谷狭窄，河宽 700 m 左右，河水在陡峭的山谷中奔流，流速在 2.5 m/s 左右，湍流、涡流较多，河床多礁石。出山谷后进入三江平原，河面展宽，在 2 000 m 左右，水流变缓，网状河道现象显著，多岛屿沙洲。

1.2.1.3 水文

（1）黑龙江上游

河道穿行于大兴安岭与外兴安岭之山崖河谷间，全长 894 km，为山区河流。河宽 400～1 000 m，落差 181 m，河床底质为石质及卵石，较为稳定，平均坡降 0.2‰，流速较大，流态平稳。平均流速枯水期 1.5～2.0 m/s，洪水期可达 1.8～2.5 m/s。

① 水位和流量

上游径流主要靠降水补给（暖季降水及春季融雪）。年平均流量 840 m³/s 左右，水流为东南走向。水位年变幅 6.8 m，水位日最大变幅 1.35 m。春汛、夏汛水位涨落较快为其明显特征。水位受季节影响显著：春汛枯水期，自 4 月末至 7 月上旬受冰雪融化和降水逐渐增加的影响，水位较封冻期回升 1.5 m，一般在设计水位左右，其中 6 月下旬至 7 月初水位最枯，在设计水位以下，水深 1.3 m 左右（如漠河站 1979 年 7 月 16 日水位 89.79 m，低于设计水位 1.61 m）；夏季洪水期，自 7 月上旬至 8 月下旬，因降水集中，雨量充沛，水位迅速上升形成几次洪峰，洪峰持续 6 天左右后回落（如漠河站夏季最高水位为 1958 年 7 月 13 日 102.55 m，高于设计水位 11.15 m）；秋季枯水期，自 8 月末至 10 月 22 日左右及秋季流凌期，随降雨的逐渐减少，水位亦持稳定的回落趋势，最低水位在 10 月中旬至流凌末期，一般低于设计水位。

影响河段水位变化最大的支流为呼玛河，年平均流量 80 m³/s。较大的支流有阿寿扎尔河、欧里道依河、额木尔河等。此外，黑河对岸结雅河是黑龙江第三大支流，河口平均流量为 1 800 m³/s。

影响黑龙江上游水位和流量变化的水库主要是北源俄境内的石勒喀河上的一大型水库，其出水量极不稳定，对河段水位和流量变化有较大影响，但资料不详。

② 冰期

大气与水热交换作用，形成了黑龙江亚寒带气候明显的流凌、封冻、解冻三个冰期。

秋季流凌期：自 10 月 23 日至 11 月 14 日，流凌自西向东依次开始，历时 12～17 天。

冬季封冻期：自 11 月 4 日至 11 月 15 日自西向东依次全部封冻，之后封冻期延续到第二年 4 月 27 日，其各站观测断面最大冰厚为 1.46~1.88 m。

春季解冻流凌期：自 4 月 28 日至 5 月 9 日自东向西依次解冻流凌，历时 5~8 天，一般春季流凌较秋季流凌略有一定的危害，如 1985 年春季漠河至呼玛河一带流凌形成的冰坝使漠河站 4 月 16—20 日 5 天水位壅高 6.91 m，呼玛站 4 月 21—25 日 5 天水位壅高 5.65 m，造成较大危害。

③ 畅流期

黑龙江为季节性通航河流，上游自西向东各站平均畅流期 169~176 天。另外还应考虑适当排除大风大雾日数。

（2）黑龙江中游

黑龙江自中游起，流域面积开始变大，中游降水充沛，年际变化悬殊，年内分配极不均衡。黑龙江中游呈半山区河流和平原河流特征，在年际变化上，具有不同时距的周期规律，丰、枯水年流量相差较为悬殊。在年内变化上，具有明显的封冻期和畅流期，封冻期（11—3 月）径流量不足年径流的 10%，4—10 月份有明显的凌春汛和夏秋汛。4—5 月份由于解冻，开江期河槽蓄水（冰）量消泄及融雪径流汇入，有一次春凌汛过程。5 月下旬至 6 月下旬，属于干旱少雨季节，6 月末 7 月初，降水量逐增，径流量增加，水位上升，河流进入汛期。7、8 月份为降水和径流的丰值期。8 月份以后，降水和径流量逐渐减少，进入枯水期。

黑龙江中游的卡伦山站多年平均流量为 3 420 m³/s，伯力站多年平均流量为 7 530 m³/s。平均坡降 0.09‰，平均流速 1.0~1.3 m/s，通航期流量平均在 6 000~8 000 m³/s，洪水时量增加到 20 000~30 000 m³/s，含沙量极小，河床底质为中、粗砂和卵石、砾石，河床相对稳定。

黑龙江中游水位的日变化和季节变化很大，大致可分为：

① 4—5 月份，春季凌汛。黑龙江中游春季凌汛较明显，春汛壅高水位虽历时仅 2~3 日，水量集中，壅高值某些年份可接近水量较大的夏汛水位。

② 5 月下旬至 6 月下旬或 7 月初，因少雨使得平均水位相对春、夏汛间水位偏低。

③ 6 月末期 7 月初，随着降水量增加，水位上升。因黑龙江中游基本属于半山区性河流，河床相对稳定，致使水位随降水陡涨陡落，涨落形势由中游向下逐渐变缓，洪水基本上是陡涨陡落的多峰形式，有的年份近下游时演变成涨落缓慢的单峰形式（如抚远站），一般 9 月下旬 10 月初水位开始下降，到 11 月中旬水位降至最低。

1.2.1.4 气象

（1）黑龙江上游

黑龙江上游，西起恩和哈达东至黑河，途经开库康、呼玛，全长 894 km。黑龙江上游年平均气温在 −6~1℃，从东南向西北方向随纬度增高而降低，纬向分布特征明显。全年月平均气温 0℃ 以下有 5~6 个月，北部长达 7 个月。漠河无霜期只有 80~90 天。气候寒冷是黑龙江的特点，一年中最冷的是 1 月份，月平均气温在 −30 ～ −28℃。极端最低气温可达 −40℃，最北部漠河曾达 −52.3℃（1969 年 2 月 13 日），为全国有记录以来的最低值。7 月份气温最高，月平均气温在 18 ～ 20℃，极端最高气温一般在 37℃ 左右，呼玛曾出现过 38℃ 的极高值（1968 年 7 月 21 日）。春季气温逐渐回升，4 月份月平均气温除漠河在 0℃以下外，其他各地均在 0℃ 以上。日平均气温稳定通过 0℃ 日期一般在 4 月 11 日后，漠河最晚在 4 月 21 日以后，日平均气温稳定通过 0℃ 终日在 10 月 11 日左右，漠河在 10 月 11日以前。秋季气温一般高于春季，9 月中旬就可能出现初霜冻，10 月下旬就出现霜冻及流凌。

黑龙江省年降水量分布是从东向西逐渐减少，等雨量线呈经向分布，以 500 mm 等雨量线为界分为湿润区和干旱区，此界线大体在 127°E 左右。黑龙江上游流域年雨量在500 mm 以下，属于干旱区，漠河年雨量只有 420 余毫米，60% 降水集中在夏季，秋季次之占 23%，春季次少占 13%，冬季最少占 4%。春季黑龙江水位也是通航期水位最低时期，易出现枯水，影响航运生产。

黑龙江上游流域在大小兴安岭山脉北端，受其影响全年多盛行北风或西北风。年平均风速 1.9 ～ 3.2 m/s，秋季风速 2.0 ～ 3.0 m/s，冬季风速最小 1.0 ～ 2.0 m/s。最大风速出现在20 世纪 70 年代到 80 年代，70 年代最大，90 年代以来明显减小。如黑河最大风速出现在1975 年 5 月 11 日；呼玛最大风速出现在 1977 年 10 月 25 日。就大于 8 级大风日数来说，黑河、呼玛在 15.8 ～ 18.1 天，比漠河多 7 ～ 9 天。春季大风日数多于其他季节，占全年 56%，秋季次之。

（2）黑龙江中游

黑龙江中游年平均气温在 −2 ～ −1℃，温度分布呈纬向分布，随纬度增高而降低，全年大约有 5 个月，月平均气温在 0℃ 以下。一年中 1 月气温最低，月平均气温在 −28 ～ −21℃，极端气温最低，一般在 −41.0 ～ −36.0℃，其中嘉荫极端最低为 −47.7℃（1970 年 1 月 1日）。7 月份气温最高，月平均气温在 20 ～ 22℃，极端气温最高，在 36 ～ 38℃，4 月日平均气温已全部在 0℃ 以上，日平均气温稳定通过 0℃ 初日平均值在 4 月 11 日；日平均气温稳定通过 0℃ 终日在 10 月 21 日左右，由于地温的滞后性，秋季气温略高于春季气温，但秋季气温变化幅度较大。10 月份平均气温多在 2 ～ 4℃，自 10 月下旬到 11 月上旬往往出现寒潮、大风、降温天气，有时伴有降雪，日最低气温可突然连续降到 −10℃ 以下，随之水温明显下降。

黑龙江中游地处黑龙江省降雨中心北部，年降水量平均在 500 ～ 600 mm，降水量的特点为：多集中在夏季，占全年降水量的 70% 左右，秋季次之，约占 17%，春季降水约占12%，冬季最少。由于受大小兴安岭山脉影响，流域内风向差异较大。逊克、抚远年最多风向多为偏南风，嘉荫为东风或东南风。风速无明显变化，年平均风速 2.9 ～ 3.9 m/s，比上游偏大。其中春季平均风速最大，为 3.1 ～ 5.5 m/s，秋季次之，为 2.9 ～ 4.1 m/s。大于8 级大风日数比上游流域明显偏少，大约少 11.7 天。抚远大风日数最多为 13.5 天，集中在春秋两季。嘉荫大风日数为 9.9 天，也主要集中在春秋季。逊克大风日数最少，为 7.4 天，主要集中在春季。大于 5 级风的年日数 180～190 天，多集中在春季，秋季次之。但抚远例外，主要集中在冬季，占全年大于 5 级风日数的 39%，春季次之，占全年 31%。最大风速出现的时间，多出现在 20 世纪 70 年代到 80 年代，90 年代明显减少。如逊克最大风速出现在 1975 年 4 月 24 日，抚远出现在 1973 年 1 月 13 日，嘉荫出现在 1981 年 4 月 23 日。

1.2.2 乌苏里江流域特征

1.2.2.1 流域概况

乌苏里江系黑龙江右岸支流，为中俄界河，是黑龙江右岸第二大支流。乌苏里江发源于俄罗斯的锡霍特岭西麓的刀毕河、乌拉河和中俄界湖兴凯湖。上起松阿察河口，向北偏东流经黑龙江省虎林、饶河、抚远三县，在哈巴罗夫斯克（伯力）注入黑龙江，全长 495 km。流域面积 18.7 万 km²，其中，在左岸中国境内 5.6 万 km²，占流域面积的 30%。乌苏里江右岸山地较多，左岸多为平原、洼地和沼泽地，共有大小支流 174 条。主要支流在左岸（我国境内）的有挠力河、穆棱河、别拉洪河和七虎林河；在右岸（俄罗斯境内）的有伊曼河、比金河和霍尔河。

1.2.2.2 河道特点

乌苏里江松阿察河口至饶河段，长 235 km。虎头以上河道弯曲，基本为单一河道，分汊较少；虎头以下分汊较多，但分汊数量较少，一般分两汊，最多分三汊，河宽 300～400 m。饶河至四合段长 112 km，河道微弯顺直，但其分汊河段较多，河宽 500～700 m；四合至哈巴罗夫斯克（伯力）段，长 148 km，分汊河段较多较长，岛屿边滩、心滩较大，河宽 600～800 m。乌苏里江主要浅滩有瓦盆窑、新兴洞、于文同等二十几处浅滩，枯水期水深在 1.0 m 左右。

1.2.2.3 水文

乌苏里江河流走向自南向北偏东，松阿察河口至虎头河道弯窄，虎头至饶河段河宽 300～400 m，饶河至四合河宽 500～700 m，四合至哈巴罗夫斯克（伯力）段河宽 600～800 m。

乌苏里江为西伯利亚春汛型平原河流。左岸我国境内主要支流有挠力河、穆棱河、别拉洪河和七虎林河，为大面积沼泽地。右岸俄罗斯境内有较密的水道网，主要支流有伊曼河、比金河和霍尔河。发源地锡霍特山脉每年冬季大量积雪，次年春季集中融化后通过支流汇入乌苏里江，形成年最高水位和最大流量多在 4、5 月份及 6 月份，少在 8、9 月份夏秋季的特殊规律。

（1）水位

乌苏里江沿岸中方现有虎头、饶河、海青三个水位站。乌苏里江水位年变幅 5 m 左右，最大年变幅：虎头站 5.96 m、饶河站 6.62 m、海青站 6.76 m。水位最大日变幅 1.44 m。平均流速为 0.85 m/s，最大平均流速为 1.33 m/s，最小平均流速为 0.34 m/s。

① 春季高水位：一般在春季流凌过后的 4 月 16 日左右起至 5 月末。例如，饶河站历

年 5 月份平均水位为 95.33 m，比历年 8 月份平均水位 94.88 m 高 0.45 m。

② 夏季中水位：一般在 6—8 月，受春汛影响 6 月份水位略高。11%的年份因春汛推迟，年最高水位在 6 月份形成，6 月份多年平均水位高于设计水位 0.76～1.22 m。7 月份春汛已退，降水刚至，水位较低，7 月份各水位站多年平均水位比设计水位仅高 0.43～0.78 m。8 月份近 60%年份水位较低，例如饶河站 8 月份最低水位为 92.47 m，低于设计水位 1.13 m。但 17%～19%（仅海青站 41%）的年份年最高水位在 8 月份出现，饶河站多年最高水位出现在 8 月份，高于设计水位 5.75 m，8 月份各站多年平均水位比设计水位高 1.01～1.32 m。

③ 秋季枯水位：9 月初至秋季流凌末期（11 月 16—20 日）。其中 9 月份水位较高，并高于 7 月份。各站有 14%～19%的年份年最高水位出现在 9 月，各站 9 月份多年平均水位高于设计水位 0.88～1.23 m。10 月份至流凌末期水位低枯，各站 10 月份多年平均水位比设计水位仅高 0.05～0.56 m。饶河站历年 10 月份最低水位为 92.39 m，低于设计水位 1.21 m。

（2）冰期

① 秋季洒凌期：自 11 月 6 日—11 月 20 日。流凌形式一般自北向南依次进行，历时 9～13 天。

② 冬季封冻期：自 11 月 17 日—11 月 21 日，从北向南全部封冻，之后封冻期延续到第二年 4 月 11 日止。观测断面最大冰厚为 1.04～1.08 m。

③ 春季解冻流凌期：自 4 月 12—22 日。流凌形式自南向北依次进行，历时 4～7 天。

（3）畅流期

乌苏里江为季节性通航河流，自南向北各站平均畅流期为 206～196 天。此外还应适当排除大风大雾日数，其中大风日数（大于 8 级大风日数）流域内一般 4—5 月为 4 天左右，6—9 月不足 1 天，10 月为 1～2 天。大雾日数：南部（虎头站）6—10 月为 2～4 天，其他月份 1 天左右。北部（饶河站）7—9 月份 6～7 天，其他月份 1 天左右。多年平均径流量为 71.2 亿 m³，年内分配极不均衡，夏季占 70%以上。径流补给主要来自暖季降水，春季融雪。

1.2.2.4 气象

乌苏里江流域年平均气温为 2℃，月平均气温最低值出现在 1 月份，为－21.6℃，极端最低气温也出现在 1 月份，为－43.1℃（出现日期是 1986 年 1 月 23 日），月平均气温最高值出现在 7 月份，为 21.1℃，极端最高气温值也出现在 7 月份，为 36.6℃（出现日期是 1968 年 7 月 22 日）。秋温略高于春温。降水分布主要受季风活动影响，而地形又加剧了东西之间降水差异，流域内平均年降水量为 550 mm，比西部的嫩江流域多 100 mm，夏季东部地区受东南季风影响较大，气流中携带水汽较多，所以降水量较大，60%以上集中在 6—8 月，冬季在中高纬度大陆冷干季风控制下，降水甚少，11 月至翌年 2 月降水量仅占全年总量的 5%左右。

流域内年平均风速为 3.5 m/s，其中 4—5 月份平均风速在 4.0～4.7 m/s，10—11 月份平均风速在 3.6～3.9 m/s，其他月份在 2.9～3.4 m/s。由于地理位置不同，上下游风向差异较大，上游（虎林一带）全年盛行西北风，下游（饶河以北）全年盛行西南风。大于 5 级大风日数最多出现在春季（3—5 月），一般有 15 天左右；其次出现在秋季（10—11 月），一般有 11 天左右，夏季和冬季则较少。大于 8 级大风日数（≥17 m/s），上游 5 月份最多，平均在 4.3 天，10 月至翌年 1 月次之，为 1.9～2.7 天，下游 4—5 月份最多，在 3.7～4.3 天，3 月、10 月次之为 1 天，其他月份为 0～0.9 天。流域上游的最大风速多出现在 70 年代，其中 1979 年 10 月最大风速为 23 m/s；下游多出现在 80 年代，其中 1983 年 4 月和 1987 年 5 月都出现了最大风速为 21 m/s 的大风。另外，风除了月季变化外，近地面层中还有较明显的日变化，当气压形势变化不大时，陆地上近地面层最大风速出现在午后，黄昏后风速减小，午夜达最小值，在一天当中大风开始和终止的时间有较明显的日变化，一般开始增大到 6 级以上多在午后，特别是地面在冷高压脊北部控制时，如果上午平原地区风力在 5 级左右，到午后可加大到 6～7 级。

雾也随季节和地理位置的不同而不同，一般夏季雾多，春季次之，冬季最少，据 30 多年资料统计结果表明，流域内上游 6—8 月出现雾日最多，为 3.0～3.9 天，9—10 月为 2.3～2.9 天，其他月份为 0.6～1.5 天，年合计 22.8 天，下游是 7—9 月雾日最多为 5.6～7.5 天，10—11 月为 1.0～1.5 天，其他月份为 0.2～0.8 天，年合计 30.4 天。

1.3 次级流域特征

1.3.1 次级流域划分

以黑龙江省 1∶25 万水系图和地貌图为基础，将黑龙江划分为 9 个小流域，乌苏里江划分为 5 个小流域。流域划分及流域内水质监测断面详见表 1-1，流域划分及流域内行政区详见表 1-2 至表 1-9。

表 1-1 各流域及流域内水质监测断面

流域名称	小流域名称	流域内断面
黑龙江流域	黑龙江流域 I	额尔古纳河口内、洛古村、兴安镇
	黑龙江流域 II	开库康镇、呼玛县上
	黑龙江流域 III	沿江村、黑河上、黑河下、高滩村、车陆
	黑龙江流域 IV	上道干、嘉荫县上、名山镇、松花江口上
	黑龙江流域 V	同江东港、抚远上、小河子
	额木尔河流域	额木尔河口内
	呼玛河流域	呼玛河口内
	逊河流域	逊河口内
	松花江流域	同江

流域名称	小流域名称	流域内断面
乌苏里江流域	乌流域Ⅰ	龙王庙、858九连、乌下穆上
	乌流域Ⅱ	虎头上、饶河上、饶河下
	乌流域Ⅲ	东安镇、乌苏镇
	挠力河流域	挠力河口内
	穆棱河流域	穆棱河口内

表1-2 流域划分及流域内行政区

流域名称	小流域名称	县（市）	乡镇（地区）
黑龙江流域	黑龙江流域Ⅰ	漠河县	漠河乡
	黑龙江流域Ⅱ	塔河县	开库康乡
			盘古镇
			瓦拉干镇
			依西肯乡
		呼玛县	桂花村
			金山乡
	黑龙江流域Ⅲ	呼玛县	三卡乡
			北疆乡
		黑河市区	张地营子乡
			西峰山乡
			上马场乡
			爱辉区
			幸福乡
			黑河市区
			西嘉子满族乡
			爱辉镇
			西岗子镇、坤河达斡尔满族乡
			新生鄂伦春族乡
		孙吴县	卧牛河乡北部
			腰屯乡北部
			沿江满族达斡尔族乡西北部
		逊克县	逊克县
			干岔子乡
			车陆乡
	黑龙江流域Ⅳ	逊克县	宝山乡
			克林乡
		伊春市区	乌伊岭区北部
		嘉荫县	常胜乡
			乌云镇
			向阳乡
			沪嘉乡
			青山乡

流域名称	小流域名称	县（市）	乡镇（地区）
黑龙江流域	黑龙江流域Ⅳ	嘉荫县	乌拉嘎镇
			保兴乡
			嘉荫县区
		鹤岗市区	双益林场
			新青林业局笑山林场
			新青林业局北影林场
			新青林业局大贺林场
			新青林业局水源林场
			新青林业局南丰林场
		萝北县	太平沟乡
			环山乡东部、北部
			萝北县
			东明朝鲜族乡
			名山镇
			肇兴镇
		绥滨县	福兴满族乡
			新富乡北部
	黑龙江流域Ⅴ	同江市	街津口赫哲族乡
			秀山乡
			清河乡
			前进农场
			浓江农场
			青龙山农场
			勤得利农场
			洪河农场
			鸭绿河农场
			临江镇
			金川乡
			八岔赫哲族乡
			银川乡
		抚远县	浓桥镇
			通江乡
			抚远县
			浓江乡
			鸭南乡
			含葱沟镇
		富锦市	二龙山镇东北部

表 1-3 乌苏里江流域的各小流域

流域名称	小流域名称	县（市）	乡镇（地区）
乌苏里江流域	乌苏里江流域 I	富锦市	创业农场
		抚远县	抓吉镇
			别拉洪乡
			海青乡
			前锋农场
		饶河县	八五九农场
			胜利农场北部
	乌苏里江流域 II	饶河县	饶河农场
			四排赫哲族乡
			西林子乡
			饶河县
			大通河乡
			五林洞镇
		虎林市	东方红镇
			阿北乡
			珍宝岛乡
			虎头镇
			迎春镇
			伟光乡
			新乐乡
	乌苏里江流域 III	虎林市	八五六农场南部
		密山市	当壁镇
			白泡子乡
			兴凯湖乡
			承紫河乡
			杨木乡
			柳毛乡
			八五七农场
			兴凯湖农场

表 1-4 绥芬河流域

流域名称	县（市）	乡镇
绥芬河流域	东宁县	绥阳镇
		道河镇
		东宁镇
		三岔口朝鲜族镇
		大肚川镇
		老黑山镇
	绥芬河市	绥芬河市区
		阜宁镇

表 1-5 额木尔河流域

流域名称	县（市）	乡镇
额木尔河流域	漠河县	漠河乡
		西林吉镇
		富克山林业局（待建）
		图强镇
		兴安镇
		劲涛镇

表 1-6 呼玛河流域

流域名称	县（市）	乡镇
呼玛河流域	塔河县	塔河镇
		十八站鄂伦春族乡
		瓦拉干镇南半部
		盘古镇东南角
		依西肯乡南部
	呼中区	—
	新林区	—
	松岭区	—
	加格达奇区	—
	呼玛县	韩家园镇
		兴华乡
		白银纳乡
		呼玛镇
		规划村下侧的一小部分

表 1-7 逊河流域

流域名称	县（市）	乡镇
逊河流域	黑河市区	二站乡
	孙吴县	正阳山乡
		晨清镇
		红旗乡
		奋斗乡
		群山乡
		孙吴镇
		清溪乡
		西兴乡
		卧牛河乡
		腰屯乡
		沿江乡的东南部

流域名称	县（市）	乡镇
逊河流域	逊克县	新鄂鄂伦春民族乡
		松树沟乡
		逊河镇
	五大连池市	兴安乡
		莲花乡的东部
		靠近兴安乡的一小块林场

表 1-8　挠力河流域

流域名称	县（市）	乡镇
挠力河流域	双鸭山市区	四方台区
		宝山区
		七星镇
		岭东区
	友谊县	新镇乡
		成富朝鲜族满族乡
		东建乡
		庆丰乡
		凤岗镇
	宝清县（全部）	宝清县
		七星泡镇
		朝阳乡
		七星河乡
		青原镇
		尖山子乡
		龙头镇
		小城子镇
		夹信子镇
		万金山乡
	富锦市	宏胜镇
		兴隆岗镇
		建三江农场东部
		头林镇
		向阳川镇东南一小部分
	七台河市区	砚山镇
		桃山区
		万宝河镇
	饶河县	红卫农场南部
		胜利农场南部
		饶河农场
		小佳河镇
		大佳河乡
		山里乡
		西丰镇
		红旗岭农场
		五林洞镇西侧

表 1-9 穆棱河流域

流域名称	县（市）	乡镇
穆棱河流域	虎林市	虎头镇南半部
		庆丰农场中部
		忠诚乡
		虎林镇
		宝东镇
		八五零农场
		东风镇
		杨岗镇南部
		八五六农场北部
		伟光乡
		新乐乡
	密山市	兴凯镇
		富源乡
		裴德镇
		太平乡
		黑台镇
		连珠山镇
		回山镇
		和平乡
		二人班乡
		档壁镇
		知一镇
		柳毛
	鸡东县（全包括）	兴农
		哈达
		东海
		永安
		鸡东
		鸡林
		永和
		平阳
		下亮子
		明德
		向阳
	鸡西市区	全部
	穆棱市（全部）	八面通镇
		福录乡
		河西乡
		马桥河镇
		下城子镇
		兴源镇
		穆棱镇
		共和乡
		磨刀石镇

1.3.2　次级流域自然环境和社会经济特征

1.3.2.1　黑龙江流域

（1）黑龙江流域 I

① 自然环境特征

地处东经 121°28′～124°，北纬 53°29′～53°3′，位于黑龙江上游的南岸，西与内蒙古自治区毗邻，东与塔河县开库康乡林木相接，北与俄罗斯的赤塔、阿穆尔两州隔江相望，区域面积 2 100.38 km²。

气候为寒温带大陆性季风气候，年降水量 300～500 mm，日照为 2 200～2 800 h，有效积温 1 700℃左右。最高极端气温 35℃，年平均气温为−4.9℃，无霜期 85 天左右，全年主导风向为西北风。

境内山峦起伏，绝大部分为林地，沿江有少部分平地，野生动物及黄金资源丰富。

② 社会经济特征

本区包括漠河县漠河乡的大部分和兴安镇的一小部分，人口约 28 424 人。

本区产业结构以第一产业为主，第二、第三产业近年来蓬勃发展。全区生产总值 53 255.2 万元，其中第一产业产值 21 860 万元，第二产业产值 12 864 万元，第三产业产值 18 531.2 万元。

本流域集水区包含额尔古纳河内蒙古自治区流域，其流域内电力、煤炭开采和加工造纸等重污染行业。

（2）黑龙江流域 II

① 自然环境特征

地处塔河县境内，处在塔河县的北部、中部、西部。地处东经 123°27′～126°42′，北纬 52°16′～53°11′，北面隔着黑龙江与俄罗斯相望。边境线长 173 km。区域面积 10 822.11 km²。

气候为寒温带大陆性季风气候，冬季寒冷干燥，年平均降水量为 463.2 mm，年日照时数年均为 2 395.6 h。河流结冰期 11—4 月。土壤冻结深度 2.5～3.0 m。年均温度−2.5℃，年均降水量 460 mm，无霜期 109 天。

境内河流众多，主要河流有盘古河、西尔根河，盘古河长 220 km，西尔根河长 133 km。

地势南高北低，西高东低，地形复杂，山峦起伏，河流纵横，多属低山丘陵。

土壤植被类型较为复杂，主要有落叶松林下的棕色针叶林土、樟子松林下的粗骨棕色针叶林土、蒙古栎林下的暗棕壤、溪旁落叶松林下的河滩森林土、草甸植被下的暗色草甸土、沼泽植被下的沼泽土。

森林资源丰富，森林可划分为兴安落叶松、樟子松、偃松、白桦等 14 个群系；灌丛包括偃松灌丛、榛子灌丛等 5 个群系；草原与草甸属于两个不同的植被型；沼泽分灌木沼泽和草本沼泽两类。

境内矿产资源丰富,有丰富的沙金、黄铜矿、磁铁矿、大理石、石灰石、陶粒矿、石墨、麦饭石、膨润土、煤等20多种。

② 社会经济特征

本区包括塔河县的开库康乡、盘古镇、瓦拉干镇、依西肯乡,呼玛县的金山乡和桂花村。全区人口约67 475人。

本区域地区生产总值为71 399.25万元,其中第一产业为29 387.38万元,第二产业为10 520.25万元,第三产业为31 491.63万元。

农林牧副渔总产值为45 460.75万元,其中农业产值为6 678万元,林业产值为31 999.38万元,牧业产值为5 880.333万元,渔业产值为318.17万元,农林牧渔服务业产值584.88万元。

(3)黑龙江流域Ⅲ

① 自然环境特征

地处东经126°11′~128°46′,北纬49°26′~51°35′,位于黑龙江右岸,西接小兴安岭,东临黑龙江,与俄罗斯阿穆尔州首府布拉戈维申斯克隔江相望。全区辖区面积为13 743.007 km²。

地势西南高,东北低,属于温带大陆性气候,2007年平均气温为2.2℃,最高月平均气温21.3,最低-18.6℃,无霜期139天,年平均降水量412 mm。

本区境内江河纵横,大小河流有60多条,主要河流有26条,较大河流有黑龙江(流经境内长达184.3 km)、共别拉河、法别拉河、石金河、达音河、逊别拉河、门鹿河、泥鳅河、根里河、卧都河等。

本区山林面积广阔,树种多,境内草密林深,野生动物资源丰富,有陆栖脊椎动物和珍禽鸟类百余种。野生动物有紫貂、驼鹿、狍子等,其中珍贵兽类有驼鹿等54种,珍贵野禽有野鸡、飞龙、大雁等20多种。野生植物有500多种,分为三个类别:一类是药用植物400余种,一类是食用野生植物,一类是食用菌。

矿产资源,爱辉区有得天独厚的自然资源,境内矿产资源种类繁多,储量丰富。已发现铁、黄金、煤等80个矿种,已探明储量的37种,主要是黄金、铁、铜、珍珠岩、煤等。

② 社会经济特征

包括呼玛县的三卡乡、北疆乡,黑河市的张地营子乡、西峰山乡、上马场乡、爱辉区、幸福乡、黑河市区、西嘉子满族乡、爱辉镇、西岗子镇、坤河达斡尔满族乡、新生鄂伦春族乡,孙吴县的卧牛河乡北部、腰屯乡北部、沿江满族达斡尔族乡西北部,逊克的逊克县,干岔子乡、车陆乡。全流域总人口188 130人,其中农业人口73 431人,非农人口114 699人。

本区地区生产总值332 226万元,其中第一产业产值50 859.61万元,第二产业产值38 307.7万元,第三产业产值243 058.7万元。

本区农林牧副渔总产值58 821.67万元,其中林业产值5 422.70万元,牧业产值

10 011.18 万元，渔业产值 572.61 万元，农林牧渔副业产值 1 593.94 万元。

（4）黑龙江流域Ⅳ

① 自然环境特征

地处东经 128°16′～131°55′，北纬 47°26′～49°27′，位于黑龙江省北部边疆、小兴安岭中段、东段北麓，小兴安岭与三江平原交接地带。地势高而多山，沿黑龙江及其东部小部分地区地势比较平坦。与阿穆尔州、哈巴罗夫斯克边疆区、比罗比詹犹太自治州等城镇隔江相望。区域面积 18 436.974 km^2。

气候为寒温带大陆性季风气候。冬季漫长而寒冷，夏季短暂而炎热，无霜期约 125 天，年降水量约 549.1 mm。年日照时数 2 600 h 左右，有效积温 1 700～2 300℃。

河流众多，水资源丰富，黑龙江沿北侧流过，嘉荫河、结烈河、乌云河、乌拉嘎河、平阳河等 100 余条，皆属黑龙江水系，水力资源丰富。

有丰富的森林资源，林木种类繁多，林质优良。树种繁多，有柞、桦、杨、胡桃、水曲柳等温带针阔混交林树种。主要树种有红松、落叶松、樟子松、白松、柞树、红皮柳、山槐树、水曲柳、黄波罗树、白桦树、凤桦树、椴树、榆树、杨树等。

山林中有种类繁多的中草药和山野产品，如人参、黄芪、玉竹、五味子、刺五加、平贝、龙胆草等上百种名贵的中草药材；有猴头、蕨菜、四叶菜、黄花菜、薇菜、山葡萄、山丁子、刺玫果等山野菜。马鹿、黑熊、犴、狍子、狼、狐狸、貉子、獾子、刺猬、水獭、麝鼠、野猪、猞猁、紫貂、黄鼠狼、林蛙等野生动物。飞禽类有：座山雕、雪雕、枭、鹞鹰、猫头鹰、鹤、鸬鹚、大雁、鸿雁、野鸭、野鸡、树鸡、乌鸡、飞龙、乌鸦、鹌鹑、喜鹊、松鸭。黑龙江沿岸村屯渔业发达，产鲤科、鲑科（大马哈）、鲟科、"三花五罗"等远近闻名的名贵鱼种。

已发现的有 51 种，已探明的有 17 种。其中有品质优良的宝山玛瑙矿，全国四大优质矿之一的宝山珍珠岩矿，储量在 6 000 万 t 以上的翠宏山铁矿，有储量丰富的红锈沟煤矿；品位高达 66% 的宝山奋斗铁矿；有品位高达 16 g/t，储量达 3 391 kg 的富强金矿；还有石英岩、瓷石、沸石、膨土等 20 余种非金属矿，以及银、铜、钼、锌、锡等 10 余种金属矿。矿产资源主要有黄金、玛瑙、珍珠岩、石灰岩、水晶、泥炭、黏土、玄武岩等。现已开采的有黄金、玛瑙石等还有硫铁矿、蛇纹石、琥珀、褐煤等矿藏。

② 社会经济特征

本区包括逊克县的宝山乡、科林乡，伊春市的乌伊岭区北部，嘉荫县的常胜乡、乌云镇、向阳乡、沪嘉乡、青山乡、乌拉嘎镇、保兴乡、嘉荫县区、鹤岗双益林场、新青林业局笑山林场、新青林业局北影林场、新青林业局大贺林场、新青林业局水源林场、新青林业局南丰林场，萝北县的太平沟乡、环山乡东部、北部、萝北县区、东明朝鲜族乡、名山镇、肇兴镇，绥滨县的福兴满族乡、新富乡北部。全流域总人口 312 116 人，农业人口 106 352 人，非农业人口 205 764 人。

全区地区生产总值 397 047.42 万元，第一产业 221 760.1 万元，第二产业 65 183.22 万

| 18 | 边界河流水环境监测指标体系与断面布设优化

元，第三产业 110 104.1 万元。

农业产值 162 161.8 万元，林业产值 23 815.39 万元，牧业产值 52 210 万元，渔业产值 2 092.22 万元，副业产值 1 400.44 万元。

（5）黑龙江流域Ⅴ

① 自然环境特征

地处东经 132°25′～134°31′，北纬 47°16′～48°25′，区域面积 8 578.486 9 km²。北隔黑龙江与俄罗斯下列宁斯克耶相对。

气候属寒温带大陆性季风气候，年均降水量 500 mm 左右，无霜期 135 天左右。

盛产黑龙江鲤鱼、大白鱼、鲟鳇鱼、鲑鱼、"三花五罗"等名贵鱼类；有林地 73 万亩，拥有山药材 229 种；有锰、铬、铜、镍、钒矿化点和高岭土、褐煤、石英石矿床；有储量 1.2 亿 m³ 的草碳资源。

② 社会经济特征

本区包括同江市的街津口赫哲族乡、秀山乡、清河乡、临江镇、金川乡、八岔赫哲族乡、银川乡、前进农场、浓江农场、青龙山农场、勤得利农场、洪河农场，抚远县的浓桥镇、通江乡、抚远县、浓江乡、鸭南乡、含葱沟镇，富锦市的二龙山镇的东北部。总人口 178 819 人，其中非农业人口 94 616 人。

地区生产总值为 217 292.78 万元，其中第一产业 136 267.24 万元，第二产业 16 285.81 万元，第三产业 64 739.73 万元。

第一产业中，农业产值 116 718.16 万元，林业产值 1 115.06 万元，畜牧业产值 13 104.42 万元，渔业产值 4 182.70 万元，农林牧渔服务业产值 1 146.92 万元。

第二产业中，工业产值 11 114.22 万元，采掘业产值 454.23 万元，制造业 8 980.28 万元，电力、煤气及水的生产和供应业 1 679.71 万元，建筑业产值 5 171.59 万元。

（6）额木尔河流域

① 自然环境特征

地处东经 121°07′～124°20′，北纬 52°10′～53°33′，是我国纬度最高的县份，位于黑龙江上游南岸。本区包括除了漠河乡北部以外的整个漠河县，辖区面积为 16 234.309 km²。

境内地势南高北低，东西两侧下降呈"簸箕"形状，境内山峦起伏，群山叠嶂，白卡鲁山主峰，海拔 1 377 m，是全县的最高点。

气候严寒而干燥，结冰期长，无霜期短，夏季受到副热带海洋气团影响，降雨集中，气候温凉、湿润，春秋两季不明显，常与夏季紧相连。冬季漫长而严寒，夏季短暂而湿润，主风向为西北风，属寒温带大陆性季风气候，昼夜温差大。全年最高温度 34.3℃，最低温度−41.8℃，全年降水量 346.1 mm，降水天数 115 天。年日照时数 2 600.9 h。

境内额木尔河，是流经全境的唯一一条最长的黑龙江支流，全长 469 km。小河有 800 余条，全县容水量超过 42 亿 m³，出境水量 35 亿 m³，人均占有水量超过 3 万 m³，高于全国平均水平。

地质构造复杂，具有良好的成矿条件，矿产资源丰富。县境内有固体燃料矿产、黑色金属矿产、稀有金属矿产、贵重金属矿产，可用于建筑、化工等方面的非金属矿产近 20 余种，矿产地 60 多处，其中包括沙金、岩金、煤炭、大理石、白灰石、泥炭等。另外，还出产众多非金属建材化工用原料，如膨润土、镁石，可用于建筑沙石、黏土。1998 年又发现了石油、天然气等矿种。

山区的野生植物资源丰富，由于受地理和气候条件的影响，野生植物种类相对较少，但其中目、种、属却比较齐全。种群面积分布较大，具有很大的资源优势和重要的经济与科学研究价值。现已发现野生植物 8 000 种，隶属 23 目、41 种、99 属。

本区动物资源丰富，有节肢动物甲壳纲、蛛形纲和昆虫纲。圆口动物：七鳃鳗，别名"七星鱼"、"七星子"。两栖动物：山鱼科动物 1 种、无尾两栖类有 6 种、蟾蜍 1 种、林蛙 2 种。爬行动物：蜥蜴 3 种、蛇 1 种、蜥蜴爬行纲、蜥蜴纲、蜥蜴科 3 种。鱼类：共有 57 种（亚种），其中鲤鱼科 51 种（亚种）、鳅科 5 种、鲑科 5 种、鲍科 4 种。鸟类动物：共有 237 种，13 个亚种，分属于 16 目 40 科，其中雀科种类最多，有 30 种；其次为鸭科 25 种、鹜科 22 种。境内代表种松鸡科，主要有 3 种：黑嘴松鸡，又称棒鸡；黑琴鸡，又称乌鸡；花尾榛鸡，又称"飞龙"。陆禽除鸡类外，还有山斑鸠为常见候鸟。山崖附近有岩鸽。兽类境内共有 56 种，隶属于 6 目 16 科，是漠河野生动物中仅次于鸟类的第三大类群，其中貂熊、猞猁、紫貂、棕熊、水獭、麝、马鹿、驼鹿、雪兔 9 种野生动物被国家定为重点保护的珍稀动物。

② 社会经济特征

本区包括漠河县的西林吉镇、图强镇、劲涛镇、兴安镇、漠河乡和富克山林业局。总人口为 85 317 人，其中非农业人口 79 797 人，农业人口 5 520 人。

本区地区生产总值为 133 130 万元，其中第一产业产值 54 650 万元，第二产业产值 32 160 万元，第三产业产值为 46 320 万元。

根据现有价格计算，农林牧副渔业总产值 78 437 万元，其中农业产值 12 126 万元，林业产值 51 067 万元，牧业产值 11 712 万元，渔业产值 147 万元，农林牧渔服务业产值 3 385 万元。

（7）呼玛河流域

① 自然环境特征

地处东经 122°45′56″ ～ 126°40′49″，北纬 52°15′56″ ～ 51°36′26″，辖区面积 31 231.82 km²。本区位于大兴安岭中部、南部、北麓东坡。

大兴安岭山地属于新华夏系第三隆起带。地面组成物质以花岗岩、石英粗面岩和安山岩为主，其中花岗岩面积最大，在山地轴部边缘及河谷中有玄武岩分布。地貌形态以中山、低山、山间盆地组成。呼中区、新林区和塔河县的南部地区地势以中山为主，相对海拔在 300～500 m，地形起伏大，切割深；新林区的东部、塔河县的中部和呼玛县的西南部地势以低山为主，海拔 200～300 m，山间盆地分布于河谷地带，谷底狭窄，直线河谷较多。地势西北高，东南低。高程在 143～450 m。

气候为寒温带大陆性季风气候，冬季严寒而漫长，夏季温暖而短促，春季升温快，冬季降温快。年均降水量在 400～550 mm，年降水量的 70%集中在夏季，冬季降水少，只占年降水量的 10%。无霜期 80～115 天，年平均气温－5～－2℃。年平均日照时数 2 400～2 600 h。大于 10℃的活动积温 1 500～2 100℃。

江河密布，泡沼众多，水资源极为丰富。呼玛河由西向东注入黑龙江，境内流程 209.6 km，是境内最长的一条河流。

植被以针阔混交林和以蒙古栎为主的丘陵落叶阔叶林为主。植被类型有针叶林植被类型、落叶阔叶林植被类型，草甸植被类型和沼泽植被类型。广阔的林海中野生植物多达上千种，有可酿造果酒饮料的山葡萄、北国红豆、都柿等独特的野生浆果，也有取之不尽的蕨菜、黄瓜香、老山芹、广东菜、金针蘑等多种山野菜，还有黑木耳、榛蘑、毛尖蘑、猴头蘑、灵芝等多种特有食用菌类；更有丰富黄芪、小黄芩、五味子、桔梗等野生中药材。

兴安林海里生长着鹿、熊、紫貂、獐子、貉子、狐狸、獾子、雪兔、野猪、灰鼠、榛鸡、飞龙等珍禽异兽；纵横域内的江河沼泽中长着水貂、水獭、猞猁等多种名贵皮毛动物及鳇鱼、大马哈鱼、鲟鱼及"三花五罗"等多种冷水鱼类。

境内已探明各类矿产 39 种，不仅有储量可观的黄金，还有品位高、质量好的花岗岩、石英砂、石灰石、煤、水刷石等。矿产资源极为丰富，金矿、铁、磷、钼、石墨、云母，以及石英石、花岗岩、石灰石、膨润土等储量可观，已探明的黄金储量位居黑龙江之首，被称为黄金之乡。

② 社会经济特征

本区包括塔河县的塔河镇、十八站鄂伦春族乡、瓦拉干镇南半部、盘古镇东南角、依稀肯乡南部，呼中区、新林区、呼玛县的韩家园镇、兴华乡、白银纳乡、呼玛镇，桂花村下侧的一部分。全区总人口 179 421.5 人，非农人口 141 595.8 人。

地区生产总值 158 258 万元，其中第一产业 78 911.5 万元，第二产业 22 395 万元，第三产业 56 951.5 万元。

农林牧副渔总产值 121 868 万元，其中农业产值 23 750 万元，林业产值 79 576.67 万元，牧业产值 15 536.67 万元，渔业产值 520.33 万元，农林牧渔服务业产值 2 484.5 万元。

（8）逊河流域

① 自然环境特征

地处东经 126°28′～128°36′，北纬 48°～49°26′，全区总面积 15 848.047 km²。

自西北至东南为小兴安岭所环抱，处在在小兴安岭中段北麓，地形属于低山丘陵，多台地、宽谷。

气候为寒温带大陆性季风气候。冬季漫长而寒冷，夏季短暂而炎热。年平均气温－2℃～2℃，无霜期 95～120 天，年降水量 337～420 mm，降水集中在夏季。全年大于 10℃的积温 1 700～2 300℃，平均日照时数 2 355～2 600 h。

本区水资源丰富,逊河及其支流由南向北,由西向东贯穿全境。

动植物资源丰富,山林中有马鹿、黑熊、犴、狍子、狼、狐狸、貉子、獾子、刺猬、水獭、麝鼠、野猪、猞猁、紫貂、黄鼠狼、林蛙等野生动物。飞禽类有座山雕、雪雕、枭、鹞鹰、猫头鹰、鹤、鸬鹚、大雁、鸿雁、野鸭、野鸡、树鸡、乌鸡、飞龙、乌鸦、鹌鹑、喜鹊、松鸭。森林资源种类繁多,主要树种有红松、落叶松、樟子松、白松、柞树、红皮柳、山槐树、水曲柳、黄波罗树、白桦树、风桦树、椴树、榆树、杨树等;林中盛产蕨菜、老山芹等山野菜,年产量在 18 万 t;药用植物有 40 多种,主要有黄芪、五味子、刺五加等。

本区矿产有 49 种,已探明的有 19 种。有品质优良的宝山玛瑙矿,全国四大优质矿之一的三岭珍珠岩矿,储量在 6 000 万 t 以上的翠宏山铁矿,有储量丰富的红锈沟煤矿,品质高达 66.7% 的宝山奋斗铁矿,有大理石、白云石、石灰石、石英砂等 20 余种非金属矿,以及金、银、铜、钨、钼、铝、锌、锡等 10 余种金属矿。

② 社会经济特征

逊河流域包括黑河市的二站乡,孙吴县的正阳山乡、晨清镇、红旗乡、奋斗乡、群山乡、孙吴镇、清溪乡、西兴乡、卧牛河乡、腰吞乡、沿江乡的东南部,逊克县的新鄂伦春民族乡、松树沟乡、逊河镇,五大连池市的兴安乡、莲花乡的东部。总人口 195 788 人,其中农业人口 96 814 人,非农业人口 98 974 人。

地区生产总值 141 280.85 万元,第一产业产值 48 954.16 万元,第二产业产值 16 457.81 万元,第三产业产值 75 868.88 万元。

农林牧副渔总产值 80 137.89 万元,其中农业产值 63 322.18 万元,林业产值 4 866.53 万元,牧业产值 9 871.41 万元,渔业产值 629.42 万元,农林牧渔服务业产值 1 448.35 万元。

(9) 松花江流域

① 自然环境特征

地处东经 122°25′~132°33′,北纬 43°34′~51°36′,流域面积 270 827.53 km²。

本区域的地势大致是西北部、北部和东南部高,东北部、西南部低;主要由山地、台地、平原和水面构成。西北部为东北—西南走向的大兴安岭山地,北部为西北—东南走向的小兴安岭山地,东南部为东北—西南走向的张广才岭、老爷岭、完达山脉,土地约占全省总面积的 24.7%;海拔高度在 300 m 以上的丘陵地带约占全省的 35.8%;东北部的三江平原、西部的松嫩平原,是中国最大的东北平原的一部分,平原占全省总面积的 37.0%,海拔高度为 50~200 m。

本区属中温带到寒温带的大陆性季风气候。年平均气温在 −4~5℃。气温由东南向西北逐渐降低。夏季气温高,降水多,光照时间长,适宜农作物生长。太阳辐射资源丰富,年日照时数一般在 2 300~2 800 h。春季大风日最多,多在松嫩平原和三江平原,风能资源丰富。温带、寒温带季风气候,冬季漫长而寒冷,夏季短促而日照充分。全年无霜期多在 90~120 天。年平均降水量 400~700 mm,以小兴安岭、张广才岭迎风坡最多。

全省境内江河湖泊众多，有松花江、嫩江两大水系，湖泊、水库众多。

已发现的矿产达 131 种，已探明储量的矿产有 74 种。石油、石墨、矽线石、铸石玄武岩、石棉用玄武岩、水泥用大理岩、颜料黄土、火山灰、玻璃用大理岩和钾长石等。

② 社会经济特征

本区包括齐齐哈尔市、哈尔滨市、绥化市、大庆市、黑河市的五大连池、嫩江、北安、黑河的西部，伊春的铁力、伊春市辖区，佳木斯的佳木斯市辖区，汤原县、桦川县、桦南县，鹤岗的萝北、绥宾、鹤岗市辖区，双鸭山的双鸭山市辖区、牡丹江市的县市等。区域总人口 3 348.29 万人，其中非农人口 1 783.56 万人。

本区域森林矿产资源丰富，工业以石油、煤炭、木材、机械、食品为主体，原油、木材、发电设备、铁路货车、胶合板、纤维板和天然气、汽油、柴油、轴承产量分别居全国第一、二位。

主要粮食作物为杂粮，以玉米、水稻、高粱较多。黑龙江为全国重要小麦产区，主要分布在北部。经济作物以甜菜、亚麻、向日葵为主，产量常居全国第一。

大、小兴安岭森林茂密，为我国最重要林业基地，木材蓄积量、采伐量均居全国首位，以红松、落叶松为主要树种，是全国最重要的木材供应基地。本省矿产以煤、石油、金为最主要。松嫩平原有相当丰富的石油，包括著名的大庆油田。

本区地区生产总值 6 398.59 亿元，其中第一产业产值 670.24 亿元，第二产业产值 3 561.92 亿元，第三产业产值 2 167.13 亿元。

农林牧渔业总产值 1 571.74 亿元，其中农业产值 836.79 亿元，林业产值 51.82 亿元，牧业产值 538.75 亿元，渔业产值 19.73 亿元。

1.3.2.2 乌苏里江流域

（1）乌苏里江流域 I

① 自然环境特征

地处东经 131°55′～133°24′，北纬 45°19′～45°37′，区域面积 4 659.396 km²。

本区地势北高南低，地势较缓，由北而南从低山丘陵、山前漫岗，到南部湖滨平原。境内湖泊水系有小兴凯湖、松阿察河、小黑河、穆兴水路等。

本区属温带大陆性季风气候。年平均气温在 3.0℃ 左右，年降雨量在 570～700 mm，无霜期 135～200 天，有效积温 2 500℃；年内春风大，春旱较重。气候温和，年降雨量为 570 mm，无霜期为 200 天左右。

② 社会经济特征

包括虎林市的八五六农场的南部，密山市的挡壁镇、白泡子乡、兴凯湖乡、承子河乡、杨木乡、八五七农场、兴凯湖农场。全区总人口 194 034 人，其中非农人口 88 229 人。

地区生产总值 273 597.5 万元，其中第一产业产值 120 593.4 万元，第二产业产值 61 830.15 万元，第三产业产值 91 173.94 万元。

农林牧副渔生产总值 112 875.2 万元，其中农业产值 62 757.45 万元，林业产值 4 496.57

万元，牧业产值 37 401.47 万元，渔业产值 6 999.3 万元，农林牧渔服务业产值 1 220.41 万元。

（2）乌苏里江流域Ⅱ

① 自然环境特征

地处东经 132°16′～134°14′，北纬 45°58′～47°11′，区域面积 8 211.97 km²。位于三江平原西南部，东及东南以乌苏里江和松阿察河为界，与俄罗斯隔水相望。

本区属寒温带大陆性季风气候，为三江平原温和湿润气候区。冬季温长，严寒有雪；夏季短促，温热多雨；春季多风，易干；秋季多雨降温迅速，易秋涝早霜。年平均气温 3.5℃，年平均蒸发量为 1 110.7 mm，年平均降水量为 566.2 mm。降水多集中在 6、7、8 三个月，占全年降水量的 53%。全年日照为 2 274.0 h，大于 10℃积温为 2 577.0℃，无霜期为 141 天。年平均相对湿度为 70%。

本区江河纵横，水资源丰富。盛产大马哈、"三花五罗"等特产鱼类，境内还有东北虎、黑熊、马鹿、丹顶鹤等百余种珍贵的野生动物。山多林密，树种繁多，盛产红松、水曲柳、黄柏等名贵木材，是国家重点木材生产基地。林下蕴藏着薇菜、蕨菜、黄瓜香等 40 多种山野菜，以及丰富的食用菌、野生浆果等。蜜源植物丰富，是国家确立的东北黑蜂保护区和黑龙江重要的蜂产品生产基地。野生中药材有山参、刺五加、五味子等 200 多种。矿藏较多、储量可观，已探明储量的有黄金、铜、煤、石墨等 40 多种。

② 社会经济特征

包括饶河县的饶河农场、四排赫哲族乡、西林子乡、饶河县、大通河乡、五林洞镇，虎林市的东方红镇、阿北乡、珍宝岛乡、虎头镇、迎春镇、伟光乡、新乐乡。全区总人口 133 016 人，其中非农业人口 68 402 人。

地区生产总值 403 923.4 万元，第一产业产值 237 801.3 万元，第二产业产值 58 099.25 万元，第三产业产值 108 022.9 万元。

农林牧副渔总产值 172 412.25 万元，其中农业产值 124 186.25 万元，林业产值 19 314.375 万元，牧业产值 19 554.5 万元，渔业产值 6 978.37 万元，农林牧渔服务业产值 2 378.75 万元。

（3）乌苏里江流域Ⅲ

① 自然环境特征

地处东经 132°39′～135°3′，北纬 47°15′～48°26′，区域面积 6 274.809 7 km²。

本区地形呈鸭葫芦状，地势低洼平缓，西南部略高于东、北部，坡降小。地貌分低山区、漫平原、低平原、洪泛地四种类型。海拔高程一般在 40～60 m，最高峰海拔 279 m，最低区海拔 34 m 左右，抚远三角洲是两面临江、沟河密布的广阔平原。

本区属三江平原开发区中温带湿润大陆性季风气候，冬长冷，夏短热，雨水充沛，光照充足，适宜各种作物生长。年平均气温 2.2℃，极端最高气温 36.6℃，极端最低气温－42℃，活动积温在 2 050～2 688℃，历年平均活动积温为 2 249.2℃。无霜期 115～130

天。历年平均降水量为 603.8 mm，最高年份达 949.2 mm，最低年份为 471.6 mm。历年平均日照总量为 2 304 h，平均风速为 3.6 m/s，年蒸发量为 1 100～1 300 mm。

境内有大小河流 60 多条，湖泊泡沼 700 多个，是我国名特优鱼类主产区，共有鱼类 21 科 76 种，经济鱼类 11 科 34 种。其中较著名的有"三花五罗"、鲤、鲢、鲫等，是我国鲟鳇鱼、大马哈鱼及其鱼子的主产地。

山林水草中生活着各种野生动物，经济动物有野猪、狍子、貉子、黑熊、狐狸、豺狼、黄鼠狼、麝鼠等。较为珍贵的有马鹿、水獭、雪兔、猞猁、紫貂等兽类；亦有白天鹅、丹顶鹤、白鹳、鸳鸯、海冻青、白尾海雕等珍禽。山林中野生植物种类较多、分布广，有党参、桔梗、芍药、草乌、山里红、龙胆草、北芪、车前子等上百种名贵中药材。山产资源有蕨菜、黄花菜、薇菜、金针菜、猴头菇、蘑菇、黑木耳、山葡萄等山野菜，其中蕨菜、薇菜等都是出口创汇产品。此外还有野生笃果，是优良的果酒原料，储量为 470 t。天然次生林木种类很多，主要有山杨、白桦、黑桦、柞树、紫椴、黄柏、水曲柳、山槐等 10 多种。

境内有丰富的矿产资源，现已勘明的地下矿藏有 10 余种，其中花岗岩储量为 2.6 亿 m^3。此外还有河卵石、风化砂、江沙、黄金等。

② 社会经济特征

包括富锦市的创业农场，抚远县的抓吉镇、别拉洪乡、海青乡和前锋农场，饶河县的八五九农场、胜利农场北部。总人口 33 948 人，其中非农人口 16 343 人。

地区生产总值 42 335.67 万元，第一产业产值 27 807 万元，第二产业产值 2 141.67 万元，第三产业产值 12 387 万元。

第一产业中，农业产值 23 817 万元，林业产值 222.33 万元，畜牧业产值 1 863 万元，渔业产值 1 487.33 万元，农林牧渔服务业产值 417.33 万元。

（4）挠力河流域

① 自然环境特征

本区地处中高纬度，东经 131°10′～134°9′，北纬 45°48′～47°20′，全区总面积 19 733.22 km^2。

境内的地形南高，东北低，地势由西南向东北逐渐下降，南部是绵延起伏的完达山脉，北部是土地肥沃的三江平原。制高点在宝清县境内的老秃顶子山，海拔 854 m；最低点在八五三农场雁窝岛东，海拔 54.2 m。

气候为寒温带大陆性季风气候，冬季漫长，寒冷而干燥，夏季较短、温热且多雨。年降水量为 534 mm，历年年平均气温为 3.4℃，年平均最高值 4.5℃（1982 年），最低值 1.1℃（1969 年）。无霜期 134～145 天。历年平均日照在 2 480 h 左右。历年主导风向为偏南风。

境内有大小河流 20 多条，主要河流有挠力河、蛤蟆通河、宝石河等。西部有安邦河及其支流马蹄河，东部有七星河及支流扁石河等。地下水储量充沛。

本区山林资源丰富，是黑龙江省东部较大的次生林区。盛产柞、桦、榆、椴、水曲柳、核桃楸、黄柏等阔叶林木，年采伐量 5 万～6 万 m^3。野生植物有人参、黄芪、五味子、刺五加、平贝、龙胆草、山野菜、山葡萄、猕猴桃等 100 多种。野生动物主要有马鹿、黑熊、野猪、狐狸、貉、水獭、猞猁等几十种。

地下蕴藏着丰富的矿产资源。煤炭储量丰富，累计探明储量 100 亿 t，可供利用的煤炭资源储量达 75 亿 t。还有全省唯一的大型磁铁矿以及黄金、石墨、白钨、大理石、石灰矿产等。

② 社会经济特征

包括双鸭山市区的四方台区、宝山区、七星镇、岭东区，友谊县的新镇乡、成富朝鲜族满族乡、东建乡、庆丰乡、凤岗镇，宝清县，富锦市的宏胜镇、兴隆岗镇、建三江农场东部、头林镇、向阳川镇东南部、砚山镇，七台河市的桃山区、万宝河镇，饶河县的小佳河镇、大佳河乡、山里乡、西风镇、红旗岭农场、五林洞镇西侧、红卫农场南部、胜利农场南部、饶河农场。全区总人口 997 722 人，其中非农业人口 587 504 人。

地区生产总值 898 393.2 万元，其中第一产业产值 493 505.6 万元，第二产业产值 169 516.1 万元，第三产业产值 235 371.5 万元。

农业产值 347 536.7 万元，林业产值 7 844.15 万元，畜牧业产值 118 191.9 万元，渔业产值 10 962.9 万元。

（5）穆棱河流域

① 自然环境特征

地处东经 129°50′～133°30′，北纬 43°50′～45°53′，区域面积 18 230.124 km^2。

地势由西南向东北逐渐降低，地形以山地、丘陵、平原为主体，地貌特征是"五山一水四分田"。

水系资源丰富，60 多条主要河流总径流量 89.4 亿 m^3。境内最大河流穆棱河，境内流径长 502 km。穆棱河发源于老爷岭山脉东坡穆棱窝集岭，由西南向东北流至虎林市湖北闸处，河道分成两路，一路沿穆兴水路（分洪河道）注入兴凯湖，一路沿穆棱河原河道继续东流，在虎头以南 18 km 处桦树林子注入乌苏里江。穆棱河属山区性河流，河道总落差 699 m，多年平均径流量为 23.5 亿 m^3，折合径流量为 133.5 mm，水能资源较丰富，理论蕴藏量为 10.9 万 kW，尚待开发利用。

本区属于寒温带大陆性季风气候，为三江平原温和湿润气候区。冬季温长，严寒有雪；夏季短促，温热多雨；春季多风，易干；秋季多雨降温迅速，易秋涝早霜。年平均气温 2.8～3.8℃，年平均降水量为 427.9～566.2 mm。降水多集中在 6、7、8 三个月，占全年降水量的 53%。全年日照为 2 274.0 h，大于 10℃积温为 2 577.0℃，无霜期为 115～141 天。年平均相对湿度为 70%。年平均风速为 3.4 m/s。

境内自然资源十分丰富。在广阔葱茏的山林中，有鹿、狍子、野猪、熊、狼、狐狸、紫貂、貉子、野鸡等野生动物，有人参、黄芪、党参、五味子、刺五加等中药材，还有木耳、蘑菇、核桃、榛子、蕨菜、松茸等山珍品。

矿产资源丰富，现已探明发现 56 个矿种。主要有煤炭、石墨、硅线石、钾长石、大理岩、黄金、铂、钯、矿泉水等。已探明的煤炭储量达 34 亿 t，此外还有金、铜、铁、铂、钯、镍、锌、铝、钴、石墨、萤石、水晶、石灰石、大理石、黏土等矿藏 20 多种。

② 社会经济特征

本区包括虎林市的虎头镇南半部、庆丰农场中部、忠诚乡、虎林镇、宝东镇、八五零农场、东凤镇、杨岗镇南部、八五六农场北部、伟光乡、新乐乡，密山市的行楷镇、富源乡、裴德镇、太平乡、黑台镇、连珠山镇、回山镇、和平乡、二人班乡、挡壁镇、知一镇、柳毛乡，鸡东县，鸡西市区，穆棱市全部。全区总人口 1 809 917 人，其中非农人口 1 111 746 人。

地区生产总值 256.25 亿元，第一产业产值 78.00 亿元，第二产业产值 69.48 亿元，第三产业产值 88.77 亿元。

农林牧副渔总产值 59.99 亿元，其中农业产值 34.01 亿元，林业产值 4.24 亿元，牧业产值 19.07 亿元，渔业产值 1.72 亿元，农林牧副渔服务业产值 0.26 亿元。

1.4 污染负荷及环境管理特征

1.4.1 各次级流域污染负荷

（1）黑龙江流域Ⅰ

工业废水中化学需氧量排放量 24 t，占全省总量的 0.016 8%。城镇生活污水排放量 24.22 万 t，占全省总量的 0.03%。城镇生活污水中化学需氧量排放量 207.61 t，占全省总量的 0.06%。

本流域集水区包含额尔古纳河内蒙古自治区流域，其流域内电力、煤炭开采和加工造纸等重污染行业。

（2）黑龙江流域Ⅱ

工业废水中化学需氧量排放量 20.03 t，占全省总量的 0.014 %。城镇生活污水排放量 152.44 万 t，占全省总量的 0.26%。城镇生活污水中化学需氧量排放量 914.67 t，占全省总量的 0.26%。

（3）黑龙江流域Ⅲ

工业废水中化学需氧量排放量 369.22 t，占全省总量的 0.26%。石油类排放量 2.8 t，占全省总量的 0.23%。城镇生活污水排放量 2 824.77 t，占全省总量的 4.00%。城镇生活污水中化学需氧量排放量 21 162.34 t，占全省总量的 6.13%。

（4）黑龙江流域Ⅳ

工业废水中化学需氧量排放量 216.79 t，占全省总量的 0.15%。城镇生活污水排放量 401.07 万 t，占全省总量的 0.57%。城镇生活污水中化学需氧量排放量 2 432.2 t，占全省总量的 0.70%。

（5）黑龙江流域 V

工业废水中化学需氧量排放量 0.76 t，占全省总量的 0.000 5%。城镇生活污水排放量 268.77 万 t，占全省总量的 0.38%。城镇生活污水中化学需氧量排放量 1 612.65 t，占全省总量的 0.47%。

（6）额木尔河流域

工业废水中化学需氧量排放量 176 t，占全省总量的 0.12%。城镇生活污水排放量 177.62 万 t，占全省总量的 0.25%。城镇生活污水中化学需氧量排放量 1 522.49 t，占全省总量的 0.44%。

（7）呼玛河流域

工业废水中化学需氧量排放量 189.86 t，占全省总量的 0.13%。城镇生活污水排放量 714.47 万 t，占全省总量的 1.01%。城镇生活污水中化学需氧量排放量 4 685.11 t，占全省总量的 1.35%。

（8）逊河流域

工业废水中化学需氧量排放量 7.29 t，占全省总量的 0.005 1%。城镇生活污水排放量 267.55 万 t，占全省总量的 0.38%。城镇生活污水中化学需氧量排放量 2 006.67 t，占全省总量的 0.58%。

（9）松花江流域

工业废水中化学需氧量排放量 134 380.37 t，占全省总量的 94.21%。氨氮排放量 8 435.81 t，占全省总量的 86.18%。石油类 1 067.77 t，占全省总量的 88.09%。挥发酚 1 555.42 t，占全省总量的 82.44%。氰化物 16.94 t，占全省总量的 98.37%。砷 0.01 t，占全省总量的 50%。铅 0.05 t，占全省总量的 100%。六价铬 0.06 t，占全省总量的 28.57%。城镇生活污水排放量 57 435.54 万 t，占全省总量的 81.37%。城镇生活污水中化学需氧量排放量 261 204.03 t，占全省总量的 75.62%。

（10）乌苏里江流域 I

工业废水中化学需氧量排放量 110.45 t，占全省总量的 0.08%。氨氮排放量 1.81 t，占全省总量的 0.018 %。城镇生活污水排放量 126.8 万 t，占全省总量的 0.18%。城镇生活污水中化学需氧量排放量 760.81 t，占全省总量的 0.22%。

（11）乌苏里江流域 II

工业废水中化学需氧量排放量 7.24 t，占全省总量的 0.005%。氨氮排放量 0.59 t，占全省总量的 0.006%。石油类排放量 0.035 t，占全省总量的 0.003%。城镇生活污水排放量 411.39 万 t，占全省总量的 0.58%。城镇生活污水中化学需氧量排放量 2 467.62 t，占全省总量的 0.71%。

（12）乌苏里江流域Ⅲ

城镇生活污水排放量 33.53 万 t，占全省总量的 0.05%。城镇生活污水中化学需氧量排放量 201.21 t，占全省总量的 0.06%。

（13）穆棱河流域

工业废水中化学需氧量排放量 4 455.31 t，占全省总量的 3.12%。氨氮排放量 116.03 t，占全省总量的 1.18%。石油类 21.43 t，占全省总量的 1.76%。挥发酚 31.16 t，占全省总量的 1.65%。氰化物 0.28 t，占全省总量的 1.63%。砷 0.01 t，占全省总量的 50%。六价铬 0.15 t，占全省总量的 71.43%。城镇生活污水排放量 4 754.82 万 t，占全省总量的 6.74%。城镇生活污水中化学需氧量排放量 28 531.76 t，占全省总量的 8.26%。

（14）挠力河流域

工业废水中化学需氧量排放量 2 688.77 t，占全省总量的 1.88%。氨氮排放量 1 233.78 t，占全省总量的 12.60%。石油类 120 t，占全省总量的 9.90%。挥发酚 300 t，占全省总量的 15.90%。城镇生活污水排放量 2 442.32 万 t，占全省总量的 3.46%。城镇生活污水中化学需氧量排放量 14 391.95 t，占全省总量的 4.17%。

1.4.2 各次级流域化肥农药施用量

（1）黑龙江流域 I
农用化肥施用实物量 41.2 t，折存量 20.6 t，农药使用量 2 t。

（2）黑龙江流域 II
农用化肥施用实物量 1 034.42 t，折存量 539 t，农药使用量 16.25 t。

（3）黑龙江流域 III
农用化肥施用实物量 24 686.54 t，折存量 10 017.37 t，农药使用量 359.95 t。

（4）黑龙江流域 IV
农用化肥施用实物量 40 896.36 t，其中氮肥 12 417.57 t，磷肥 9 731.6 t，钾肥 4 241.79 t，复合肥 4 925.94 t。农用化肥折存量 8 827.18 t，其中氮肥 2 697.73 t，磷肥 2 974.98 t，钾肥 1 176.60 t，复合肥 1 977.85 t。农药使用量 312.09 t，其中除草剂 210.88 t。

（5）黑龙江流域 V
农用化肥施用实物量 37 796.05 t，其中氮肥 7 157.92 t，磷肥 13 598 t，钾肥 7 392.41 t，复合肥 9 914.88 t。农用化肥折存量 17 889.86 t，其中氮肥 3 417.72 t，磷肥 5 195.26 t，钾肥 3 592.05 t，复合肥 5 684.81 t。农药使用量 727.67 t，其中除草剂 589.75 t。

（6）额木尔河流域
农用化肥施用实物量 164.8 t，折存量 82.4 t，农药使用量 8 t。

（7）呼玛河流域
农用化肥施用实物量 4 173.92 t，折存量 2 346.25 t，农药使用量 179.4 t。

（8）逊河流域
农用化肥施用实物量 21 645.18 t，其中氮肥 5 735.53 t，磷肥 7 999.8 t，钾肥 3 115.01 t，复合肥 4 681.11 t。农用化肥折存量 9 978.26 t，其中氮肥 2 523.06 t，磷肥 3 622.76 t，钾肥 1 502.38 t，复合肥 2 330.05 t。农药使用量 313.59 t，其中除草剂 249.63 t。

（9）松花江流域

农用化肥折存量 1 617 036.18 t，农药使用量 56 651.71 t。

（10）乌苏里江流域Ⅰ

农用化肥施用实物量 16 519.87 t，其中氮肥 5 838.37 t，磷肥 4 887.75 t，钾肥 1 859.25 t，复合肥 3 934.5 t。农用化肥折存量 6 840.75 t，其中氮肥 2 302.12 t，磷肥 1 847.25 t，钾肥 802.87 t，复合肥 1 888.5 t。

（11）乌苏里江流域Ⅱ

农用化肥施用折存量 11 523.75 t，其中氮肥 3 301.87 t，磷肥 3 187.47 t，钾肥 1 410 t，复合肥 3 624.46 t。农药使用实物量 152.5 t（饶河境内的）。

（12）乌苏里江流域Ⅲ

农用化肥施用量 9 750 t，其中氮肥 1 083.33 t，磷肥 3 250 t，钾肥 2 166.66 t，复合肥 3 250 t。农用化肥折存量 4 517.33 t，其中氮肥 488.33 t，磷肥 1 039 t，钾肥 1 040 t，复合肥 1 950 t。农药使用量 130 t，其中除草剂 123.67 t。

（13）挠力河流域

农用化肥施用折存量 31 412.57 t，其中氮肥 11 002.82 t，磷肥 7 055.24 t，钾肥 4 123.06 t，复合肥 9 231.45 t。农药使用实物量 1 154.85 t。

（14）穆棱河流域

农用化肥施用实物量 71 081.83 t，折存量 31 023.75 t。其中氮肥实物量 27 804.33 t，折存量 11 790.25 t，磷肥实物量 22 241.08 t，折存量 8 768.92 t，钾肥实物量 6 521.42 t，折存量 3 026.5 t，复合肥实物量 14 515 t，折存量 7 438.08 t。

各流域化肥农药施用量综合统计表见表 1-10。

表 1-10　各流域农药化肥施用量汇总

流域名称	化肥施用折存量/t	农药使用量/t
黑龙江流域Ⅰ	20.6	2.0
黑龙江流域Ⅱ	539.0	16.2
黑龙江流域Ⅲ	10 017.3	359.9
黑龙江流域Ⅳ	8 827.2	312.1
黑龙江流域Ⅴ	17 889.8	727.7
额木尔河流域	82.4	8.0
呼玛河流域	2 346.2	179.4
逊河流域	9 978.2	313.6
松花江流域	1 617 036.2	56 651.7
乌苏里江流域Ⅰ	4 517.3	130.0
乌苏里江流域Ⅱ	11 532.8	152.5
乌苏里江流域Ⅲ	6 840.8	—
挠力河流域	31 412.6	1 154.8
穆棱河流域	31 023.8	—

1.4.3 地表水环境功能区划

黑龙江省政府在 1998 年和 2003 年先后出台了两个地方标准对黑龙江省内的河流和水体进行了功能区划分。1998 年发布的标准是《黑龙江省地面水环境质量功能区划分和水环境质量补充标准》（DB 23/485—1998），2003 年的推荐标准是《黑龙江省地表水功能区标准》（DB23/T 740—2003）。两个标准中，对黑龙江及乌苏里江流域各水体的功能区划见表1-11。

表 1-11 黑龙江及乌苏里江各水体水域功能区划

序号	河流名称	水质标准		备注
		1998 年	2003 年	
1	黑龙江干流	II（呼玛镇上）	无	
		III（呼玛镇下）		
2	额尔古纳河	无	无	
3	额木（穆）尔河	III	II	#
4	呼玛河	II	I	#
5	逊河（别拉逊河）	II	II	—
6	松花江干流	III	III	—
7	乌苏里江干流	III	无	
8	松阿察河	III	无	
9	穆棱河	III	III	—
10	挠力河	III	III	—

注："#"表示 2003 年标准严于 1998 年标准；

"—"表示 2003 年标准等于 1998 年标准。

第2章 水环境质量监测

2.1 监测概况

2.1.1 监测断面布设

在黑龙江干流中上游段的（中方）额尔古纳河口下、额木尔河口下、西尔根气河下、呼玛河口下、法别拉河口下、逊河口下、松花江河口下，（俄方）石勒喀河口下、结雅河口下、吉利钦河口下、布列亚河口下、比占河口下和比腊河口下布设有 16 个水质监测断面；在黑龙江主要支流（中方）额尔古纳河口内、额木尔河口内、呼玛河口内、逊河口内和松花江口内布设了 5 个水质监测断面；在乌苏里江干流的（中方）松阿察河口下、穆棱河口下、挠力河口下，（俄方）乌拉河口下、伊曼河口下、比金河口下和和罗河口下布设了 6 个水质监测断面；在乌苏里江主要支流（中方）松阿察河口内、穆棱河口内和挠力河口内布设了 4 个水质监测断面。

断面布设结果为黑龙江干流设 16 个、支流（中方）河口设 5 个；乌苏里江干流设 6 个、支流（中方）河口设 4 个。共布设了 31 个水质监测断面，基本代表了研究区内的各水域的水质状况。概况见表 2-1，各水质监测断面代表水域长度见表 2-2。

表 2-1 监测断面布设

河流名称	序号	断面位置	断面名称	断面编号	经纬度
黑龙江干流	1	额尔古纳河口	额尔古纳河口内	HE001	121°28′59.8″E，53°19′55.1″N
	2	石勒喀河口下	洛古村	HG001	121°35′24.2″E，53°21′08.2″N
	3	额木尔河口上	兴安镇	HG002	123°59′58.8″E，53°24′13.6″N
	4	额木尔河口下	开库康镇	HG003	124°48′16.8″E，53°08′29.4″N
	5	呼玛河口上	呼玛县上	HG004	126°39′59.1″E，51°44′07.5″N
	6	呼玛河口下	沿江村	HG005	126°55′02.1″E，51°07′01.3″N
	7	结雅河口上	黑河上	HG006	127°21′1″E，50°18′21.2″N
	8	结雅河口下	黑河下	HG007	127°31′19″E，50°05′24″N
	9	吉利钦河口下	高滩村	HG008	128°19′56″E，49°32′15″N
	10	逊河口上	车陆	HG009	128°18′40.5″E，49°32′23.9″N

河流名称	序号	断面位置	断面名称	断面编号	经纬度
黑龙江干流	11	逊河口下 / 布列亚河口上	上道干	HG010	128°56′47.8″E，49°27′9.8″N
	12	布列亚河口下	嘉荫县上	HG011	129°53′23″E，49°4′27.1″N
	13	比古河口上	名山镇	HG012	131°3′42.2″E，47°41′N
	14	比古河口下 / 松花江口上	松花江口上	HG013	132°24′55″E，47°44′10″N
	15	松花江口下 / 比腊河口上	同江东港	HG014	132°39′45.9″E，47°57′20.2″N
	16	比腊河口下	抚远上	HG015	134°8′19.1″E，48°20′9.9″N
	17	出境前	小河子	HG016	134°53′49.8″E，48°25′52.4″N
额木尔河	18	额木尔河口内	额木尔河口	HN001	123°42′04.9″E，53°18′50.9″N
呼玛河	19	呼玛河口	呼玛河口内	HH001	126°36′27.2″E，51°39′54″N
逊河	20	逊河口内	逊河口内	HX001	128°52′53.5″E，49°23′47.6″N
松花江	21	松花江口内	同江	HS001	132°28′5.0″E，47°38′32.0″N
乌苏里江干流	22	松阿察河	龙王庙	WG001	132°51′09.1″E，45°03′35.2″N
	23	松阿察河	858九连	WG002	133°17′28.3″E，45°32′38.2″N
	24	乌拉河口下 / 穆棱河口上	乌下穆上	WG003	133°30′30.1″E，45°52′30.1″N
	25	穆棱河口下 / 伊曼河口上	虎头上	WG004	133°40′51.9″E，45°58′18.3″N
	26	伊曼河口下 / 比金河口上	饶河上	WG005	134°01′36.1″E，46°40′54.3″N
	27	比金河口下 / 挠力河口上	饶河下	WG006	134°02′29.0″E，46°51′40.5″N
	28	挠力河口下 / 和罗河口上	东安镇	WG007	134°11′08.5″E，47°20′2.4″N
	29	和罗河口下	乌苏镇	WG008	134°40′11.7″E，48°15′26.1″N
穆棱河口	30	穆棱河口内	穆棱河口内	WM001	133°30′20.9″E，45°52′39.7″N
挠力河口	31	挠力河口内	挠力河口内	WR001	133°45′56.4″E，47°15′10.3″N

表2-2 断面代表距离

监测河流名称	序号	断面名称	代表距离	距离坐标	断面起止位置
黑龙江干流	1	额尔古纳河口内	0		额尔古纳河口
	2	洛古村	0		额尔古纳河口下 石勒喀河口下
	3	兴安镇	224	894~670	源头—额木尔河口
	4	开库康镇	110	670~560	额木尔河口—西尔根气河
	5	呼玛县上	315	560~245	西尔根气河—呼玛河口
	6	沿江村	215	245~30	呼玛河口—法别拉河口
	7	黑河上	30	30~0	法别拉河口—黑河市
	8	黑河下	71	996~925	黑河市—吉利钦河口

监测河流名称	序号	断面名称	代表距离	距离坐标	断面起止位置
黑龙江干流	9	高滩村	85	925～840	吉利钦河口—逊克县上
	10	车陆	57	840～783	逊克县上—逊河口
	11	上道干	68	783～715	逊河口—布列亚河口
	12	嘉荫县上	106	715～609	布列亚河口—嘉荫县
	13	名山镇	319	609～290	嘉荫县—比占河口
	14	松花江口上	20	290～270	比占河口—松花江口
	15	同江东港	95	270～175	松花江口—比腊河口
	16	抚远上	104	175～71	比腊河口—抚远县
	17	小河子（抚远下）	71	71～0	抚远县—哈巴
额木尔河	18	额木尔河口内	0		额木尔河口内
呼玛河	19	呼玛河口内	0		呼玛河口
逊河	20	逊河口内	0		逊河口内
松花江	21	同江	0		松花江口内
乌苏里江干流	22	龙王庙	0		松阿察河
	23	858 九连	0		乌拉河口上
	24	乌下穆上	66	495～429	源头—穆棱河口
	25	虎头上	29	429～400	穆棱河口—伊曼河口
	26	饶河上	146	400～254	伊曼河口—比金河口
	27	饶河下	63	254～191	比金河口—挠力河口
	28	东安镇	86	191～105	挠力河口—和罗河口
	29	乌苏镇	105	105～0	和罗河口—哈巴
穆棱河	30	穆棱河口内	0		穆棱河口内
挠力河	31	挠力河口内	0		挠力河口内

2.1.2 监测项目及分析方法

监测项目为 40 项，包括水质监测项目的流量、水温、pH、溶解氧、高锰酸盐指数、化学需氧量、五日生化需氧量、氨氮、总磷、硝酸盐氮、铬（六价）、挥发酚、石油类、阴离子表面活性剂、氯化物、铅、铜、锌、硒、砷、汞、镉、铁、锰等，河底泥监测项目的砷、汞、镉、铬（六价）、铅等，采用的分析方法见表 2-3。

表 2-3 分析方法一览

序号	项目	分析方法
1	流量	
2	水温	温度计法（GB 13195—91）
3	pH	便携式 pH 计法
4	溶解氧	电化学探头法（GB/T 11913—89）
5	高锰酸盐指数	酸性法（GB 11892—89）

序号	项目	分析方法
6	化学需氧量	重铬酸钾法（GB 11914—89）
7	五日生化需氧量	稀释接种法（GB 7488—87）
8	氨氮	纳氏试剂比色法（GB 7479—87）
9	总磷	钼酸铵分光光度法（GB 11893—89）
10	硝酸盐氮	酚二磺酸光度法（《水和废水监测分析方法》）
11	铜	石墨炉原子吸收法（《水和废水监测分析方法》）
12	锌	火焰法原子吸收（GB 7475—87）
13	硒	原子荧光法（《水和废水监测分析方法》）
14	砷	
15	汞	
16	镉	石墨炉原子吸收法（《水和废水监测分析方法》）
17	铬（六价）	二苯碳酰二肼分光光度法（GB 7467—87）
18	铅	石墨炉原子吸收法（《水和废水监测分析方法》）
19	挥发酚	蒸馏后4-氨基安替比林分光光度法（GB 7490—87）
20	石油类	红外分光光度法（GB/T 16488—1 996）
21	阴离子表面活性剂	亚甲蓝分光光度法（GB 7479—87）
22	氯化物	硝酸银滴定法（《水和废水监测分析方法》） 离子色谱法（HJ/T 84—2001）
23	铁	火焰原子吸收（GB 11 911—89）
24	锰	火焰原子吸收（GB 11 911—89）
25	2,4-二氯酚	气相色谱质谱法（《水和废水监测分析方法》）
26	三氯酚	气相色谱法
27	DDT	气相色谱质谱法（《水和废水监测分析方法》）
28	DDE	气相色谱质谱法（《水和废水监测分析方法》）
29	2,4-二氯苯氧乙酸	气相色谱法
30	林丹	气相色谱质谱法（《水和废水监测分析方法》）
31	苯	
32	甲苯	
33	乙苯	
34	二甲苯	吹扫捕集气相色谱-质谱法（《水和废水监测分析方法》）
35	异丙苯	
36	氯苯	
37	硝基苯	
38	氯仿	
39	三氯苯	气相色谱-质谱法（HJ/T 74—2001）
40	六氯苯	

2.1.3 样品采集

平水期监测为 2008 年 6 月；丰水期为 2008 年 8 月；枯水期为 2009 年 2 月。部分断面丰水期进行 109 项全分析监测。共获取水质监测原始数据近 5 000 个，历史监测数据近 15 000 个。

（1）样品采集

部分断面按左、中、右 3 条垂线从距水面下 0.5 m 处和距水底上 0.5 m 处进行采样，共采集 6 个样品。按照技术规范确定样品量。不具备过境条件的断面仅采集中、右距水面下 0.5 m 处的水样。

采样记录按照确定的格式进行填写，采样结束后断面负责人须在采样记录上签字。

（2）样品保存

按照国家《水和废水监测分析方法》（第四版）中"水样的保存与运输"的方法进行。有机物分析用样品应低温保存。

（3）有机物采样

有机分析样品采样容器及采样量按国家《水和废水监测分析方法》（第四版）要求进行。

（4）质量保证

制定《质量保证方案》，在监测工作中按照《质量保证方案》的要求，进行质量控制与质量保证工作，并在监测过程中按照国家有关标准和监测技术规范的要求实施全程序的质量控制与质量保证。

在监测过程中强化从布点、采样、样品的保存、运输、实验室分析、出具数据的全过程质量保证与质量控制。实验室分析执行加标回收试验、标准样品的分析、平行样的测定等方式的质量控制。

2.2 黑龙江水质现状评价

2.2.1 各次级流域水环境现状

丰、平、枯各水期均进行了 37 项指标的监测分析，其中丰水期对 10 个断面进行了 109 项（《地表水环境质量标准》（GB 3838—2002）中包括的项目，除水温）全分析。根据国家《地表水环境质量标准》（GB 3838—2002）中的Ⅲ类（主要适用于集中式生活饮用水地表水源地二级保护区、鱼虾类越冬场、洄游通道、水产养殖区等渔业水域及游泳区）标准，对水质各项指标以水期为基本统计单元进行了样本数、平均值、最大值、最小值、检出数、检出率、超标数、超标率的统计。

统计分析结果表明，经常且普遍超标的水质指标有高锰酸盐指数、化学需氧量和氨氮，上述三项水质指标为影响研究区水环境质量的主要污染物。

2.2.2 各水域水质评价

选择 37 项水质指标为参数，采用单项指数法，参照国家《地表水环境质量标准》（GB 3838—2002）水质标准进行归类评价。

2.2.3 水质现状评价结论

（1）37 项水质指标有 32 项指标有检出现象发生，枯、平、丰各水期检出项目数有差异，枯水期检出指标个数和检出率均高于平、丰水期。全分析检出指标个数和检出率均较低。

（2）超标状况枯、平、丰各水期有差异，平水期超标项目数和超标率均高于枯、丰水期。全分析指标无超标样本。

（3）经常且普遍超标的水质指标有高锰酸盐指数、化学需氧量和氨氮，上述 3 项水质指标为影响研究区水环境质量的主要污染因子。

（4）黑龙江干流全年以Ⅳ类水质为主，枯水期水质相对较好，平水期水质最差，Ⅴ类水质占较大比重。支流河口全年以Ⅲ、Ⅳ类为主，平水期部分河口为Ⅴ、劣Ⅴ类水质。乌苏里江干流全年以Ⅲ、Ⅳ类水质为主，枯水期水质相对较好，平水期水质最差。支流河口全年以Ⅳ类为主，平水期部分河口为Ⅴ类水质。

（5）乌苏里江干流的水质好于黑龙江干流的水质，表现为Ⅲ类水质占较大比重，无Ⅴ、劣Ⅴ类水质。

（6）枯水期松花江河口及进入黑龙江干流后至哈巴整个江段水质（主要污染因子浓度）劣于其他水域的水质。穆棱河口及进入乌苏里江干流后的江段水质（主要污染因子浓度）劣于其他水域的水质。

（7）研究区水体的污染以有机污染为基本特色。

2.3 水污染成因识别

2.3.1 主要问题

黑龙江干流及其支流、乌苏里江干流及其支流穆棱河及挠力河等水体的污染特征、各水域水质现状归类评价、水域水质差异和历年水质变化趋势分析发现：研究区水体的污染以有机污染为基本特色；影响研究区水环境质量的主要污染物为高锰酸盐指数和氨氮；黑龙江干流全年以Ⅳ类水质为主，乌苏里江干流全年以Ⅲ、Ⅳ类水质为主；枯水期水质相对较好，平水期水质最差；多数水域的主要污染因子浓度及其水质多年间无明显变化，部分水域的主要污染因子浓度及其水质有变劣的趋势。

黑龙江干流在我国境内（上中游、下游为俄境内）全长 1 890 km，受松花江汇入后影响的江段仅有 270 km（占 14.3%），松花江水质的改善将会对汇入后影响江段的水质有积极的作用，但不受其汇入影响的黑龙江干流 1 620 km 江段的水中高锰酸盐指数仍将继续偏高，导致其达不到使用目的和保护目标的水域仍比较普遍。

2.3.2 原因识别

通过对主要污染指标高锰酸盐指数和氨氮特征分析，其主要来源为生活污水、工业废水的排放、动植物腐烂分解后随降雨流入水体、人和动物的排泄物、雨水径流以及农用化肥的流失。归纳起来其途径为工业废水、生活污水和径流补给（动植物腐烂分解和农用化肥的流失）三类。

选择三个途径的代表指标：生产总值及结构（工业废水）、人口总量（生活污水）、农用化肥施用量（径流补给）以及年降雨量（动植物腐烂分解后随降雨流入）等，进行主要来源差异分析。

各次级流域的生产总值及结构、人口总量、农用化肥施用量和年降雨量等汇总结果见表 2-4。从表中可以看到，人口主要集中分布在松花江流域和穆棱河流域；生产总值及结构主要集中在松花江流域，且仅此流域是以工业（二产）为主的结构，其他流域均是农业（一产）或服务业（三产）为主的结构，同时生产总值的总量也最大，占全流域的 91.98%；农用化肥施用量黑龙江上游流域相对较少，其他流域均占一定的比重，松花江流域为最多；降雨量分布相对比较均匀，基本在 500～700 mm/a。

表 2-4 各流域主要来源汇总

流域名称	小流域名称	参数				
		人口/万人	生产总值及结构/万元	化肥/（t/a）	降雨/（mm/a）	主要来源
黑龙江流域	黑龙江流域 I	2.8	53 255 三产	41	500	降雨
	黑龙江流域 II	6.7	71 399 三产	1 034	463	降雨
	黑龙江流域 III	18.8	322 256 三产	24 686	421	化肥、降雨
	黑龙江流域 IV	31.3	397 047 一产	40 896	549	化肥、降雨
	黑龙江流域 V	18.0	219 292 一产	37 796	500	
	额木尔河流域	8.4	133 138 一产	164	346	降雨

流域名称	小流域名称	参数				
		人口/万人	生产总值及结构/万元	化肥/(t/a)	降雨/(mm/a)	主要来源
黑龙江流域	呼玛河流域	18.0	158 258 一产	4 173	550	降雨
	逊河流域	19.6	141 280 三产	21 645	420	化肥、降雨
	松花江流域	3 348.3	63.98×10^{10} 二产	1 617 036	700	人口、工业、化肥、降雨
乌苏里江流域	乌苏里江流域 I	19.4	273 597 一产	16 519	700	化肥、降雨
	乌苏里江流域 II	13.3	403 923 一产	11 523	566	化肥、降雨
	乌苏里江流域III	3.3	42 335 一产	9 750	603	降雨
	挠力河流域	99.7	898 393 一产	31 412	534	化肥、降雨
	穆棱河流域	181.0	2 562 500 三产	71 081	566	人口、化肥、降雨
黑龙江和乌苏里江流域总量		3 788.6	6 955.667	—	—	
全省		3 824	70.65×10^{10}	—	—	
松花江流域占整个流域总量/%		88.38	91.98	—	—	

松花江流域的来源最复杂，包括生活污水、工业生产废水、农用化肥随降雨径流进入和动植物腐烂后随降雨径流进入。有明显的季节性，冰封期是以生活污水和工业生产废水来源为主，明水来自生活污水、工业生产废水、农用化肥随降雨径流进入和动植物腐烂后随降雨径流进入。

穆棱河流域的来源有生活污水、农用化肥随降雨径流进入和动植物腐烂后随降雨径流进入。有明显的季节性，冰封期是以生活污水来源为主，明水期源自生活污水、工业生产废水、农用化肥随降雨径流进入和动植物腐烂后随降雨径流进入。

其他流域的来源基本是农用化肥随降雨径流进入（黑龙江上游除外）和动植物腐烂后随降雨径流进入，主要发生在明水期。生活污水和工业生产废水在冰封期量少（相对），考虑到人口分布的量和生产总值及结构，其汇入对水质的影响是有限的。

各个流域主要污染物来源的共同特点是径流补给占很大比重，这与各个流域的自然环境特点是密切相关的。由于处于温带半湿润气候区，受东亚季风控制，河流由降水和融水混合补给，以降水补给为主，水量丰富。流域广泛分布着茂密的森林，植被覆盖率高，地面被冲刷侵蚀程度低，但地表径流有机质含量高，含沙量不大，导致水体高锰酸盐指数普遍偏高。

第 3 章　流域监测断面优化

边界流域水环境监测断面的布设是为了及时全面掌握界河水环境的动态变化特征，为水质评价、水功能区划和水资源保护规划提供准确可靠的资料。监测断面优化布设是利用监测资料对区域水环境划分级别或类型，在空间上按环境污染性质和污染程度划分出不同的污染区域，结合水质监测断面的重要性和沿程变化，科学合理地布设水质监测断面。监测断面优化的目的在于以最少的监测断面、最小的人力和物力代价，获得尽可能全面的水环境信息量，反映水质动态及其总体环境质量，从而取得对污染源进行有效控制的最佳方法。

3.1　流域水环境监测断面优化原则和方法

3.1.1　基本原则

（1）准确性原则

水环境监测断面优化布设的准确度依赖于对水质时空分布规律的认识程度。为准确地掌握跨国界河流的水质时空分布规律，单独依靠水质监测在时间或人力物力诸多方面均难以短时间得到保障。因此，基于短期的、空间加密观测的水质监测数据（至少有丰、平、枯水情期的数据），依靠先进的水环境数值模拟技术，模拟计算跨国界河流的水质因子时空分布规律。并采用经过校正与验证的水环境数值模拟结果，得到跨国界河流上任意空间位置水质数据。为了保证优化结果的准确性，应采用多种先进的优化数值分析方法加以分析，取各方法的共同结论作为最终的优化结果。

（2）代表性原则

跨国界流域水环境监测断面优化布设的基本原则应具有代表性。为了达到水质监测断面具有代表一定河段的水质时空分布规律的目的，优化结果必须明确水环境监测断面不同时间所代表的河段起始至终止的空间距离；必须明确水质监测断面监测指标的代表性，应根据监测指标体系研究结果确定所测水质指标范围、类型、监测原则等。

（3）可行性原则

可行性原则包括采样可行性与微观位置确定的可行性。优化布设水环境监测断面的具体布设位置应依据国家相关技术规范实行。采样可行性基本原则包括：陆地交通便利、通信便利、采样必备补给物资较易获取、较大河流应具备水上采样条件等具体要求。确定水环境监测断面微观位置的基本原则为：应尽量避开死水区，尽量选择顺直河段、河床稳定、水流平缓、无急流湍滩处。

3.1.2 优化方法

监测断面优化设置方法虽然很多，但国内外的研究都没有给出一个统一或者高度认可的优化方法，这与监测目的不同、监测水环境差异较大有密切的关系。断面优化布设要求从全流域角度出发，将科学与需要相结合，采用宏观与微观、经验设点与技术论证、理论结果与实测检验相结合的技术路线，使断面布设具有代表性和可操作性。现有断面合理性分析是优化布设的基础和前提，可先根据历史监测数据采用统计检验方法使断面水质横向混合均匀性和年际变化稳定性两个合理性指标进行统计检验，依照检验的结果进行优化。

（1）经验方法

通常断面布设在河流的充分混合处，当河流水质监测断面上任意一点的污染物浓度与监测断面上的污染物平均浓度之差小于监测断面上污染物平均浓度的 5%时，即认为该监测断面上的污染物浓度呈均匀分布，该监测断面即为"充分混合处"；或当监测断面上任一点的污染物浓度都不小于监测断面上最大污染物浓度的 90%时，则该监测断面为"充分混合处"，可选为"监控断面"。此外，"充分混合"断面还可以根据以下方法设定，全断面浓度变异系数法（原理与上述定义相似，断面浓度变异系数 C_v 的取值为关键，通常根据经验和文献确定），稀释自净规律法（质量守恒原理），断面横向混合率法（断面横向混合率=断面平均浓度/断面最高浓度）。

（2）基于数理统计方法

数理统计的方法常用来分析河流监测断面监测结果相似性，以此判断是否需要布设断面。常用数理统计监测断面优化布设方法有模糊聚类分析法、经验公式法、主成分分析法、多目标决策分析法、遗传算法、最优分割法、物元分析法、动态贴近度法等。但数理统计类的优化方法仅适用于已有水质断面且数据量丰富的河流优化分析。

（3）数值模拟方法

对于数据量较小的河流，可以采用有限的数据建立水质模型，从而模拟河流中任意位置的水质，再根据模拟结果，采用数理统计方法进行断面优化。地表水环境数值模拟方法目前已经发展较成熟，可以实现对河道各处水环境的模拟，基于水环境数值模拟结果，沿河道密集设置监测断面，利用数理统计断面优化方法对所有断面的模拟结果实施断面优化分析，能够实现全流域水质监测断面的优化布设。

（4）数理统计和数值模拟相结合方法

数理统计分析方法可以发现一条河流上现有水质监测断面是否存在功能相似的邻近断面；水环境数值模拟方法可以近似地展现一条河流任意位置的水质情况，二者结合即可解决缺乏实测数据的河流水质监测断面优化布设问题。跨国界河流的水环境监测断面优化布设最大的困难在于水质监测断面少，水质监测资料缺乏。利用水环境数值模拟结合数理统计优化方法，可以较好地开展跨国界流域水环境监测断面优化布置研究。

（5）断面的增减

通过聚类分析后，全年枯、平、丰水期具有相同聚类结果的断面必应进行优化合并，具有相同功能的断面群中，目前没有设置断面的，则应考虑增加监测断面。

3.2 黑龙江水环境监测断面优化

水环境监测优化布设的主要内容包括：① 布设断面数目的优化；② 断面微观位置的确定；③ 依据监测目的确定断面优化组合。确定江河水质监测断面布设数目的方法一般是根据当地的实际情况，构造出适合于某地或某流域的水质监测断面数目经验模型。模型计算结果在一定程度上反映了布设断面的密度，适宜作为优化布设断面的参照指标。断面位置的确定可从宏观和微观两个方面予以论证，宏观即是综合考虑多种影响布点的自然和社会因素，并根据这些因素的沿程变化，初步确定各种类型断面应布设的理论区间；微观则是在宏观区间已确定的基础上，采用适当的水质扩散模型或经验规律，对区间内较大的污染源所形成的污染带进行估算，使断面避开污染带，布设于污染物与河水混合均匀区内。具有时空水质代表性的流域水质监测断面数目及位置确定后，根据不同的监测目的及监测断面所在位置，可以确定合理的目的断面组合。

在国际河流上，长期监测断面较少，为了更加准确地实现水质监测断面的优化布设，应根据常规监测断面布设原则，布设临时监测断面，监测期至少包括完整的枯、平、丰水情期。由于各优化方法的机理不同，对现有水质监测断面的优化宜采用多种优化方法优化结果取交集的形式，确定应去除的监测断面。根据河流的水情期采用枯、平、丰水期的各断面水质监测结果进行分析。首先，各优化方法在 3 个水情期内分别做断面优化分析，同一水情期共同的优化结果作为该水情期建议优化分析断面；然后，各水情期待优化断面取交集作为最终的建议去除断面。

本书重点介绍物元分析法和模糊聚类法结合数值模拟的方法进行断面优化分析。物元分析法基于断面多项水质监测指标与标准值建立的系列物元矩阵对比分析，计算多项指标的综合关联函数，分析各断面综合关联函数的贴近程度，进而划分断面的亲近关系。聚类分析是数理统计中"物以类聚"的一种多元分析方法，由于水环境本身就是灰色系统，带有很大模糊性，因此把模糊数学方法引入聚类分析，能使分类更切合实际。跨国界河流水质监测断面少，水质资料缺乏，水环境模型可以在有限数据的基础上获得全河流各计算断面的水质状况，利用水环境数值模拟结合数理统计优化方法，可以有效地开展跨国界流域水环境监测断面优化布置。

3.2.1 物元分析法原理

针对环境监测优化布点一般涉及多项污染指标，而各单项污染指标优选出的点往往是不相容的矛盾，物元分析提供了有效方法。物元分析法对水质监测断面优化的方案如下：

（1）根据全部采样点的各项污染指标监测值，拟定出"最佳理想点 a（最小值）"、"最次理想点 b（最大值）"和"数学期望点 c（均值）"。

（2）将 a、c 两点和 c、b 两点分别看作两标准事物，由它们的各项污染指标的量值范围分别组成两个标准事物的物元矩阵：

$$R_{ac} = \begin{bmatrix} M_{ac}, & \theta_1 & < & a_1, & c_1 & > \\ & \vdots & & \vdots & \\ & \theta_j & < & a_j, & c_j & > \\ & \vdots & & \vdots & \\ & \theta_m & < & a_m, & c_m & > \end{bmatrix} \text{和} R_{cb} = \begin{bmatrix} M_{cb}, & \theta_1 & < & c_1, & b_1 & > \\ & \vdots & & \vdots & \\ & \theta_j & < & c_j, & b_j & > \\ & \vdots & & \vdots & \\ & \theta_m & < & c_m, & b_m & > \end{bmatrix} \quad (3\text{-}1)$$

（3）由 a、b 两点组成的事物，其各项污染指标量值范围较前述每种标准事物量值范围有所扩大化，其量值范围组成节域事物的物元矩阵：

$$R_{ab} = \begin{bmatrix} M_{ab}, & \theta_1 & < & a_1, & b_1 & > \\ & \vdots & & \vdots & \\ & \theta_j & < & a_j, & b_j & > \\ & \vdots & & \vdots & \\ & \theta_m & < & a_m, & b_m & > \end{bmatrix} \quad (3\text{-}2)$$

（4）将每个采样点作为一个事物，其污染指标测定值构成一个待优化事物的物元矩阵：

$$R_i = \begin{bmatrix} M_i & \theta_1 & X_{i1} \\ & \vdots & \vdots \\ & \theta_j & X_{ij} \\ & \vdots & \vdots \\ & \theta_m & X_{im} \end{bmatrix} \quad (3\text{-}3)$$

（5）根据节域物元矩阵和两标准物元矩阵，分别建立待优化物元与两标准物元之间的关联函数和综合关联函数值 $K_a(X_i)$ 和 $K_b(X_i)$。以 K_a 和 K_b 为坐标轴，作出所有待优化采样点的点聚图。依据图中点的分布，确定优化点。

（6）计算关联函数，各单项污染指标对"最佳"和"最次"理想标准的关联函数为：

$$K_a(X_{ij}) = \frac{X_{ij} - c_j}{c_j - a_j} \quad (3\text{-}4)$$

$$K_b(X_{ij}) = \frac{X_{ij} - c_j}{c_j - b_j} \quad (3\text{-}5)$$

式中，X_{ij} 为 i 断面第 j 项污染指标监测值。5 项污染指标的综合关联函数为：

$$K_a(X_i) = \sum_{j=1}^{5} W_j K_a(X_{ij}) \tag{3-6}$$

$$K_b(X_i) = \sum_{j=1}^{5} W_j K_b(X_{ij}) \tag{3-7}$$

式中，W_j 为第 j 项污染指标权值。根据以上 4 个公式计算各个断面的综合关联函数值。

3.2.2　模糊聚类分析法原理

聚类分析是数理统计研究中研究"物以类聚"的一种多元分析方法，即用数学定量地确定样品的亲疏关系，从而客观地分型划类。由于水环境本身就是灰色系统，带有很大模糊性，因此把模糊数学方法引入聚类分析，就能使分类更切合实际。其基本思路是首先根据论域样本之间的相似程度，建立模糊相似关系矩阵，然后将这个关系进行"合成"运算，改造成一个模糊关系等价矩阵，再利用置信水平 λ 集的不同标准，将样本分类。

（1）建立原始矩阵 X：列出欲优化的 n 个断面监测指标矩阵。

（2）建立标准化矩阵：将水质监测数据标准化，标准化方法一般采用污染指数法，即用污染物浓度值除以标准值（本实例以地面水 III 类水标准作为标准值）。

（3）建立模糊相似矩阵 $R\sim$：用多元分析方法建立样本之间的相似关系（亲疏关系）。在环境科学中，污染物在水体中呈对数正态分布或与之相近，由于几何平均数能较好地反映出数据的几何特征，因此选择几何平均最小法标定，标定后得到模糊相似矩阵 $R\sim$，标定公式如下：

$$R_{ij} = \frac{\sum_{k=1}^{n} \min(X_{ik}, X_{jk})}{\sum_{k=1}^{n} \sqrt{X_{ik} \cdot X_{jk}}} \tag{3-8}$$

（4）建立模糊等价矩阵 R^*：对样本空间 X 分类，由 $R\sim$ 构造出新的模糊等价矩阵 R^*。R^* 可通过平方自合成法计算得到。计算 $R \cdot R = R^2$，$R^2 \cdot R^2 = R^4 \cdots$（式中·为扎德算子）直到 $R^2K = RK$ 其中运算方法如下：

$$R_{ij}^{2k} = \bigcup_{k=1}^{n} \left[R_{ik}^k \bigcap R_{kj}^k \right] \tag{3-9}$$

（5）动态聚类：用置信水平 λ 截割 R^*，对被分类对象动态聚类。截割后使得 R^* 中每一个元素变成 0 和 1 两个元素，以便聚类。经计算及分析，得到一个动态的聚类图。

（6）确定优化结果：将动态聚类结果中邻近断面聚为一类的结果中断面作为优化对象考虑合并。

3.2.3　河道水环境数值模型

以黑龙江流域水环境污染状况为背景，利用现有的水文水质资料，根据河网地区水体的水动力、水质特性，对黑龙江进行了概化，建立一维水流水质数学模型，通过率定和验证确定模型准确可靠后，进行了水质情景模拟。采用物源分析和模糊聚类分析模拟结果，优化断面布设。

（1）河网概化

建立模型的前提是对研究区域进行河网概化。河网概化的基本原则是概化河网要基本反映天然河网的水力特性，即概化后的河网在输水能力和调蓄能力两个方面必须与实际河网相近或基本一致。概化过程中应考虑地形条件，河流交汇情况及河网中堰泽的分布。由于水质模型的解是在均匀和稳定的水流条件下取得，在河流的水文条件沿程发生变化时，可以将河流分成若干个河段，使得每一个河段内部的水文条件基本保持稳定，从而在每一河段内可以使用水质模型。河流分段的基本原则通常包括：① 在河流断面形状发生剧烈变化处，这种变化影响河流的流态；② 支流或污水的输入处；③ 河流取水口处；④ 其他需要设立断面的地方，如桥涵附近便于采样的地方、现有的水文站附近等地方。

在河网水质模型中，河网中各节点的设置必须满足的条件是：① 点源排放处；② 汇流或分流处；③ 水质模型参数发生变化处；④ 干流和支流的源头。

通过对黑龙江流域水文特性和水质资料情况的分析，对流域内的河道水系进行概化，选定 40 条一级支流作为旁侧入流节点，1 个干流水文站作为边界入流节点，2 个干流中部水文站作为中间节点。

根据黑龙江水系，进行一维模型概化，主要包含一级支流呼玛河、逊河、结雅河、布列亚河、松花江等 39 条河流，其他二级以上支流作为一级支流内部河流不做考虑。概化后建立无渗漏、无旁侧补给、稳定河床的一维非恒定水质模型。

概化模型模拟河流总长度 1 830 km，入流断面为洛古村水文站断面，出流断面为抚远断面，模型计算节点间距 1 km。根据《黑龙江航行图》（2000 年，北京）标注黑龙江干流沿程河流水深等值线分布图，提取 81 个河道大断面形状图，用于模型河道概化。根据 2008年 8—9 月对黑龙江干流河床底质调查结果，获得沿程河道曼宁系数（图 3-1），结合 81 个河道断面，设置模型中河道糙率系数。

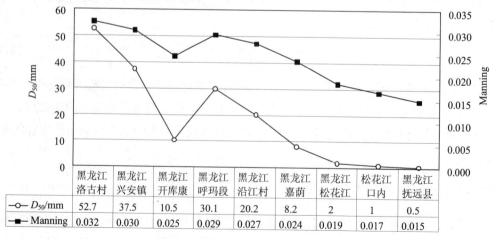

图 3-1 黑龙江干流 D_{50} 及曼宁系数

（2）水流计算

通过分析黑龙江流域地形地貌和水文等各种条件，在认识和掌握水动力学特征的基础上，对各影响要素进行概化，譬如不考虑降雨和径流过程，只考虑较大一级的支流；忽略地表水和地下水间的相互转换，将河床概化为无渗漏和无补给不透水的稳定河床，并将各支流口概化为源（汇）项。概化后的河道即可采用一维非恒定流基本方程组——圣维南方程组进行水流计算。

连续方程：
$$\frac{\partial Q}{\partial X} + B_\omega \frac{\partial Z}{\partial t} = q \qquad (3\text{-}10)$$

动量方程：
$$\frac{\partial Q}{\partial t} + 2u\frac{\partial Q}{\partial x} + (gA - Bu^2)\frac{\partial Z}{\partial t} - u^2\frac{\partial A}{\partial x} + g\frac{n^2|u|Q}{R^{4/3}} = 0 \qquad (3\text{-}11)$$

式中，t 为时间坐标，s；x 为空间坐标，m；Q 为流量，m^3/s；Z 为水位，m；u 为断面平均流速，m/s；n 为糙率；A 为过水断面面积，m^2；B 为过流断面宽度，m；B_ω 为水面宽度，m；R 为水力半径，m；q 为旁侧入流流量，m^3/s，此处设为 0。

模型计算中，上游给定流量过程边界条件 $Q=Q(t)$，下游给定水位过程 $Z=Z(t)$ 或者流量-水位关系边界条件 $Q=f(Z)$。

除了边界条件外，实际计算时，在各计算断面还应给出初始条件，或者说给出各断面的计算初值。一般情况下有两种方法给出计算初值：① 首先进行河段恒定非均匀流水面线的计算，即以某初始的典型流量，计算出各计算断面在恒定非均匀流时的水位，并将以此水位值作为各计算断面的计算初值，进行非恒定流的计算；② 借助与河渠恒定均匀流的计算公式（即谢才公式），计算各计算断面的水位，并以此作为计算的初值。

该模型中的边界条件，黑龙江干流上游起点洛古村断面为已知流量边界，下游边界抚远断面为已知水位边界，40 条主要一级支流入流节点处设置流量边界。水流模型设置时间步长为 10 min，采用 2006 年 4 月 1 日至 2008 年 10 月 25 日数据进行率定和验证。

模型验断面为洛古村、黑河上、黑河下及抚远水文站所处河段断面，其中抚远断面流量过程为自上游来水量及支流入流量之和的推导值。

（3）水质计算模型

水质模拟采用一维对流扩散方程
$$\frac{\partial(AC)}{\partial t} + \frac{\partial(QC)}{\partial x} - \frac{\partial}{\partial x}\left(AE_x\frac{\partial C}{\partial x}\right) + S_c - S = 0 \qquad (3\text{-}12)$$

式中，E_x 为纵向扩散系数；C 为水流中输送的污染物质浓度，mg/L；S_c 为与输送物质浓度有关的衰减项，mg/（m·s）；S 为河道外部的源或汇项，mg/（m·s）。

模型模拟的指标选取对黑龙江水质影响最大的化学耗氧量 COD 和氨氮，其中 COD 指标采用了高锰酸盐指数。水质模型时间步长设置为 10 min，采用 2007 年 10 月 1 日至 2008 年 10 月 20 日的实测数值数据进行模型参数率定。

根据黑龙江干支流 2008 年 6 月、9 月及 2009 年 2 月实际监测数据，水质模型中入流断面水质采用洛古村断面水质实测数据，出流断面采用抚远断面实测水质数据。

3.2.4 数理统计和水质模型相结合的断面优化

基于水环境数值模拟结果，沿河道密集设置计算断面，利用数理统计断面优化方法对所有断面的模拟结果实施断面优化分析，可以实现全流域水质监测断面的优化。

本研究选用物元分析法优化水环境数值模拟断面。黑龙江干流数值模拟设计共计1 832 个断面。按照间隔 20 km 选取一个断面的原则，加上起始断面，共计选取 93 个待优化断面。然后，利用物元分析法对这 93 个断面进行优化聚类。优化聚类结果首先应用于现有水质监测断面的优化合并分析，其结果与物元分析法、模糊聚类分析法对比取公共结论作为最终优化合并结果。

3.3 黑龙江水环境监测断面优化

3.3.1 基于物元分析的断面优化

黑龙江干流水环境监测断面共计 15 个，含常规监测断面与临时监测断面。应用物元分析法分析 2008—2009 年实测数据。根据黑龙江干流水质评价分析结果，选取具有典型代表性的流域水质指标，如溶解氧、高锰酸盐指数、五日生化需氧量、氨氮（以 N 计）、总磷 4 项常规监测指标进行物元分析法计算。

由于溶解氧指标值越高代表水质越好，其他四个指标则相反，溶解氧在进行最佳理想点及最次理想点计算时会出现与其余四个指标相反的结果。因此，计算过程中将溶解氧指标进行同化。实测溶解氧含量最高不超过 14 mg/L，因此选取 15 mg/L 作为同化标准，15减各断面监测值及溶解氧水质标准值，所得值作为断面溶解氧相对含量及相对水质标准。

首先对平水期（2008 年 6 月）15 个质监测断面的水质监测数据进行物元分析，其结果如表 3-1 和图 3-2 所示。

表 3-1　平水期黑龙江各监测断面综合关联函数 $K_a(X_i)$ 和 $K_b(X_i)$ 值

断面名称	断面编号	$K_b(X_i)$	$K_a(X_i)$
洛古村	1	−0.71	0.54
兴安镇	2	−0.56	0.44
开库康镇	3	−0.50	0.38
呼玛县上	4	−0.45	0.33
沿江村	5	−0.38	0.25
黑河上	6	−0.39	0.27
黑河下	7	0.31	−0.39
高滩村	8	0.78	−0.66

断面名称	断面编号	$K_b(X_i)$	$K_a(X_i)$
车陆	9	−0.06	0.08
上道干	10	−0.09	0.08
嘉荫县上	11	0.40	−0.47
松花江口上	12	0.73	−0.43
同江东港	13	0.51	−0.23
抚远上	14	0.21	−0.11
小河子	15	0.20	−0.08

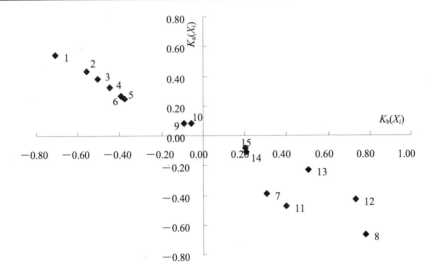

图 3-2　平水期监测断面的综合关联函数点聚图

由物元分析最终结果图 3-2 可以看出，断面 5 与断面 6 各分析指标综合关联度相近，可以考虑合并为一个；断面 9 与断面 10 可以考虑合并，断面 14 与断面 15 可以考虑合并；合并结果见表 3-2。

表 3-2　平水期监测断面建议合并结果

断面编号	监测断面名称
5、6	沿江村、黑河上
9、10	车陆、上道干
14、15	抚远上、小河子

然后对丰水期（2008 年 8 月）15 个质监测断面的水质监测数据进行物元分析，其结果如表 3-3 和图 3-3 所示。

由物元分析最终结果图 3-3 可以看出，断面 4、断面 5 及断面 6 各分析指标综合关联度相近，可以考虑合并为一个；断面 7 与断面 8 可以考虑合并；合并结果见表 3-4。

表 3-3 丰水期黑龙江各监测断面综合关联函数 $K_a(X_i)$ 和 $K_b(X_i)$ 值

断面名称	断面编号	$K_b(X_i)$	$K_a(X_i)$
洛古村	1	0.37	−0.71
兴安镇	2	−0.45	0.88
开库康镇	3	−0.20	0.39
呼玛县上	4	0.30	−0.60
沿江村	5	0.30	−0.59
黑河上	6	0.29	−0.47
黑河下	7	0.47	−0.84
高滩村	8	0.50	−0.75
车陆	9	−0.10	0.27
上道干	10	0.12	−0.13
嘉荫县上	11	0.25	−0.60
松花江口上	12	−0.36	0.58
同江东港	13	−0.41	0.67
抚远上	14	−0.63	1.12
小河子	15	−0.45	0.78

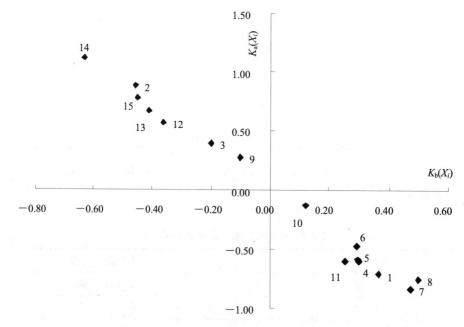

图 3-3 丰水期监测断面的综合关联函数点聚图

表 3-4 丰水期监测断面建议合并结果

断面编号	监测断面名称
4、5、6	呼玛县上、沿江村、黑河上
7、8	黑河下、高滩村

最后对枯水期（2009 年 2 月）15 个质监测断面的水质监测数据进行物元分析，其结果如表 3-5 和图 3-4 所示。

表 3-5 枯水期黑龙江各监测断面综合关联函数 $K_a(X_i)$ 和 $K_b(X_i)$ 值

断面名称	断面编号	$K_b(X_i)$	$K_a(X_i)$
洛古村	1	0.37	−0.82
兴安镇	2	−0.12	−0.07
开库康镇	3	0.02	−0.27
呼玛县上	4	0.08	−0.32
沿江村	5	0.22	−0.57
黑河上	6	0.26	−0.57
黑河下	7	0.19	−0.40
高滩村	8	0.19	−0.32
车陆	9	0.15	−0.38
上道干	10	0.33	−0.70
嘉荫县上	11	−0.18	0.43
松花江口上	12	−0.37	1.37
同江东港	13	−0.39	1.15
抚远上	14	−0.35	0.72
小河子	15	−0.38	0.75

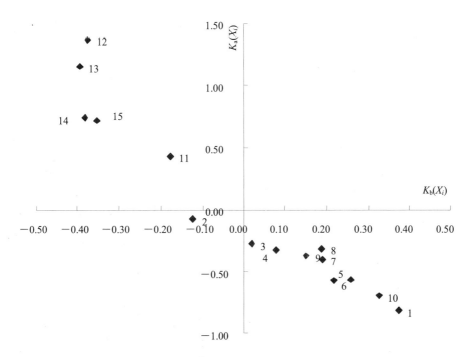

图 3-4 枯水期监测断面的综合关联函数点聚图

由物元分析最终结果图 3-4 可以看出，断面 5 及断面 6 各分析指标综合关联度相近，可以考虑合并为一个；断面 7 与断面 8 及断面 9 可以考虑合并，断面 14 与断面 15 可以考虑合并；合并结果见表 3-6。

表 3-6　枯水期监测断面建议合并结果

断面编号	监测断面名称
5、6	沿江村、黑河上
7、8、9	黑河下、高滩村、车陆
14、15	抚远上、小河子

3.3.2 基于模糊聚类的断面优化

首先对平水期（2008 年 6 月）15 个质监测断面的水质监测数据进行模糊聚类分析，经计算 $R^*=R8$。当置信水平 λ 等于 0.97 时，呼玛县上及沿江村断面属于一类断面（见表 3-7）；当置信水平 λ 等于 0.96 时，兴安镇与开库康断面属于一类，呼玛县上、沿江村及黑河上断面属于一类断面；当置信水平 λ 等于 0.95 时，结果与 λ 等于 0.96 时相同。当置信水平 λ 小于等于 0.93 时，结果不可行。最终合并结果见表 3-8。

表 3-7　平水期 λ 等于 0.97 时截割 R^* 结果

	洛古村	兴安镇	开库康镇	呼玛县上	沿江村	黑河上	黑河下	高滩村	车陆	上道干	嘉荫县上	松花江口上	同江东港	抚远上	小河子
洛古村	1	0	0	0	0	0	0	0	0	0	0	0	0	0	0
兴安镇	0	1	0	0	0	0	0	0	0	0	0	0	0	0	0
开库康镇	0	0	1	1	1	0	0	0	0	0	0	0	0	0	0
呼玛县上	0	0	1	1	1	0	0	0	0	0	0	0	0	0	0
沿江村	0	0	1	1	1	0	0	0	0	0	0	0	0	0	0
黑河上	0	0	0	0	0	1	0	0	1	0	0	0	0	0	0
黑河下	0	0	0	0	0	0	1	0	0	0	0	0	0	0	0
高滩村	0	0	0	0	0	0	0	1	0	0	0	0	0	0	0
车陆	0	0	0	0	0	1	0	0	1	0	0	0	0	0	0
上道干	0	0	0	0	0	0	0	0	0	1	0	0	0	0	0
嘉荫县上	0	0	0	0	0	0	0	0	0	0	1	0	0	0	0
松花江口上	0	0	0	0	0	0	0	0	0	0	0	1	0	0	0
同江东港	0	0	0	0	0	0	0	0	0	0	0	0	1	0	0
抚远上	0	0	0	0	0	0	0	0	0	0	0	0	0	1	1
小河子	0	0	0	0	0	0	0	0	0	0	0	0	0	1	1

表 3-8　平水期监测断面建议合并结果

断面编号	断面名称
2、3	兴安镇、开库康镇
4、5、6	呼玛县上、沿江村、黑河上

然后对丰水期（2008 年 8 月）15 个质监测断面的水质监测数据进行模糊聚类分析，经计算 $R^*=R8$。当置信水平 λ 等于 0.96 时，沿江村、黑河上与黑河下断面属于一类断面（见表 3-9）；当置信水平 λ 小于等于 0.95 时，呼玛县上、沿江村、黑河上与黑河下断面属于一类断面，上道干与嘉荫属于一类断面，抚远上与小河子属于同一类断面；当置信水平 λ 小于等于 0.94 时，属于同类断面过多，结果不可行。合并结果见表 3-10。

表 3-9　丰水期 λ 等于 0.96 时截割 R^* 结果

	洛古村	兴安镇	开库康镇	呼玛县上	沿江村	黑河上	黑河下	高滩村	车陆	上道干	嘉荫县上	松花江口上	同江东港	抚远上	小河子
洛古村	1	0	0	1	1	1	1	0	0	0	0	0	0	0	0
兴安镇	0	1	0	0	0	0	0	0	0	0	0	0	0	0	0
开库康镇	0	0	1	0	0	0	0	0	0	0	0	0	0	0	0
呼玛县上	1	0	0	1	1	1	1	0	0	0	0	0	0	0	0
沿江村	1	0	0	1	1	1	1	0	0	0	0	0	0	0	0
黑河上	1	0	0	1	1	1	1	0	0	0	0	0	0	0	0
黑河下	1	0	0	1	1	1	1	0	0	0	0	0	0	0	0
高滩村	0	0	0	0	0	0	0	1	0	0	0	0	0	0	0
车陆	0	0	0	0	0	0	0	0	1	0	0	0	0	0	0
上道干	0	0	0	0	0	0	0	0	1	1	0	0	0	0	0
嘉荫县上	0	0	0	0	0	0	0	0	0	0	1	0	0	0	0
松花江口上	0	0	0	0	0	0	0	0	0	0	0	1	0	0	0
同江东港	0	0	0	0	0	0	0	0	0	0	0	0	1	0	0
抚远上	0	0	0	0	0	0	0	0	0	0	0	0	0	1	1
小河子	0	0	0	0	0	0	0	0	0	0	0	0	0	1	1

表 3-10　丰水期监测断面建议合并结果

断面编号	断面名称
5、6、7	沿江村、黑河上、黑河下
9、10	上道干、嘉荫上
14、15	抚远上、小河子

最后对枯水期（2009 年 2 月）15 个质监测断面的水质监测数据进行模糊聚类分析，经计算 $R^*=R8$。当置信水平 λ 等于 0.97 时，开库康镇与呼玛县上断面属于一类断面；当置信水平 λ 等于 0.96 时，与 λ 等于 0.97 结果相同；当 λ 等于 0.95 时，黑河下、高滩村、车陆属于同一类断面；当 λ 小于 0.94 时，属于同类断面过多，结果不可行。枯水期监测断面建议合并结果见表 3-12。

表 3-11　枯水期 λ 等于 0.97 时截割 R^* 结果

	洛古村	兴安镇	开库康镇	呼玛县上	沿江村	黑河上	黑河下	高滩村	车陆	上道干	嘉荫县上	松花江口上	同江东港	抚远上	小河子
洛古村	1	0	0	0	0	0	0	0	0	1	0	0	0	0	0
兴安镇	0	1	1	1	0	0	0	0	0	0	0	0	0	0	0
开库康镇	0	1	1	1	0	0	0	0	0	0	0	0	0	0	0
呼玛县上	0	1	1	1	0	0	0	0	0	0	0	0	0	0	0
沿江村	0	0	0	0	1	1	0	0	0	0	0	0	0	0	0
黑河上	0	0	0	0	1	1	0	0	0	0	0	0	0	0	0
黑河下	0	0	0	0	0	0	1	0	0	0	0	0	0	0	0
高滩村	0	0	0	0	0	0	0	1	0	0	0	0	0	0	0
车陆	0	0	0	0	0	0	0	0	1	0	0	0	0	0	0
上道干	1	0	0	0	0	0	0	0	0	1	0	0	0	0	0
嘉荫县上	0	0	0	0	0	0	0	0	0	0	1	0	0	0	0
松花江口上	0	0	0	0	0	0	0	0	0	0	0	1	0	0	0
同江东港	0	0	0	0	0	0	0	0	0	0	0	0	1	0	0
抚远上	0	0	0	0	0	0	0	0	0	0	0	0	0	1	1
小河子	0	0	0	0	0	0	0	0	0	0	0	0	0	1	1

表 3-12　枯水期监测断面建议合并结果

断面编号	断面名称
3、4	开库康镇、呼玛县上
7、8、9	黑河下、高滩村、车陆

3.3.3 水环境模型和物源分析相结合的断面优化

3.3.3.1 模型率定

由于黑龙江流域面积广大，多数区域人烟稀少，境外支流众多，可利用的水文观测资料较少。因而对于模型的率定，采用干流控制断面水均衡控制，支流控制水文观测资料适当外延的方法，调整各主要一级支流入流量。其中模型中黑龙江干流黑河以上支流采用呼玛河呼玛桥水文观测资料外延推导，黑河以下主要一级支流采用汤旺河晨明水文观测资料外延推导；结雅河流量采用黑河下断面与黑河上断面流量差值；布列亚河入流量采用结雅河流量推导；松花江入流量采用哈尔滨径流量加哈尔滨下游松花江一级支流推导流量的方法；呼玛河为实测入流过程。干流控制断面为洛古河（洛古村）、上马厂（黑河上）、卡伦山（黑河下）及抚远。

对黑龙江水流模型控制断面进行误差分析，洛古河平均相对误差 3.09%，上马厂平均相对误差 3.01%，卡伦山平均相对误差 2.49%，抚远平均相对误差 3.28%。各断面流量模拟与观测对比结果可见图 3-5。模型的率定拟合结果表明，所确定的参数基本能够反映河道的水动力学特征，能够较好地描述水位流量的时空变化规律，可以用于水质模拟研究。

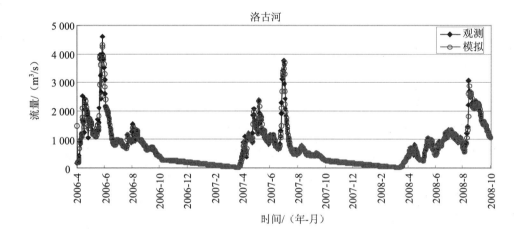

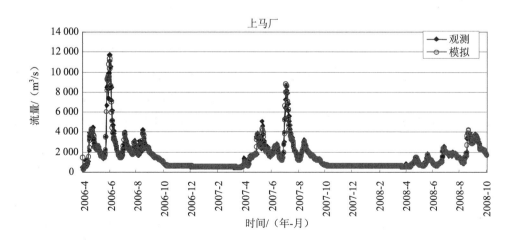

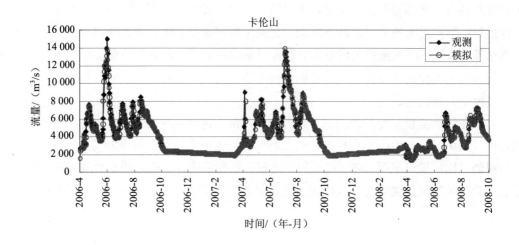

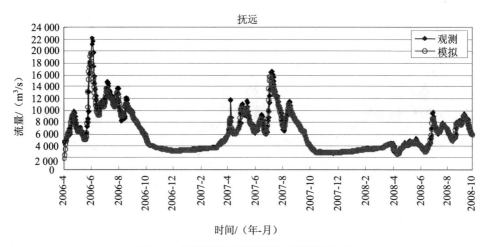

图 3-5 控制断面水流模拟与观测结果对比

应用 2008 年 6 月、8 月及 2009 年 2 月对黑龙江干流 15 个断面监测结果对水质模型进行率定，率定结果见图 3-6，可以看出，高锰酸盐指数及氨氮指标在各断面间的变化趋势符合实际情况。定量分析显示各断面高锰酸盐指数模拟值相对误差在 11.5% 以内；氨氮模拟结果相对误差 8 月份较大，达到 17.9%，2 月与 6 月分别为 8.87% 及 75%。

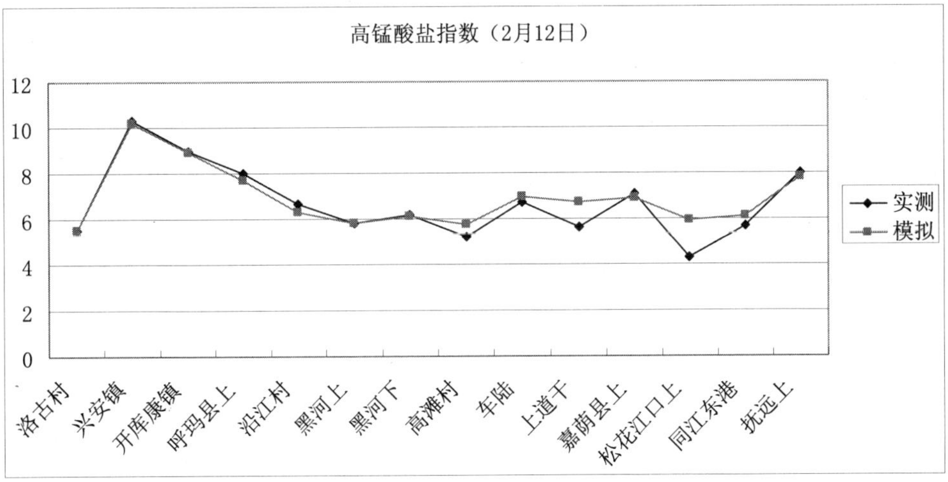
高锰酸盐指数（2月12日）
12
10
8
6
4
2
0
洛古村
兴安镇
开库康镇
呼玛县上
沿江村
黑河上
黑河下
高滩村
车陆
上道干
嘉荫县上
松花江口上
同江东港
抚远上
实测
模拟

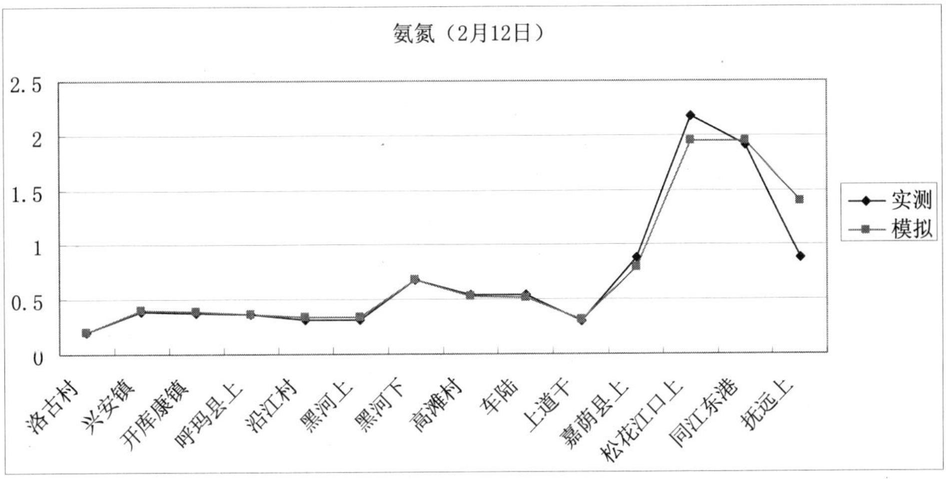
氨氮（2月12日）
2.5
2
1.5
1
0.5
0
洛古村
兴安镇
开库康镇
呼玛县上
沿江村
黑河上
黑河下
高滩村
车陆
上道干
嘉荫县上
松花江口上
同江东港
抚远上
实测
模拟

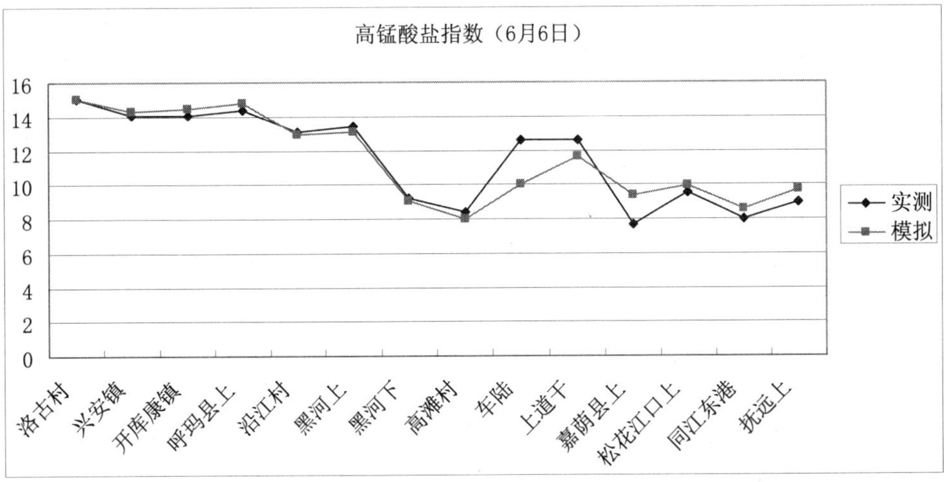
高锰酸盐指数（6月6日）
16
14
12
10
8
6
4
2
0
洛古村
兴安镇
开库康镇
呼玛县上
沿江村
黑河上
黑河下
高滩村
车陆
上道干
嘉荫县上
松花江口上
同江东港
抚远上
实测
模拟

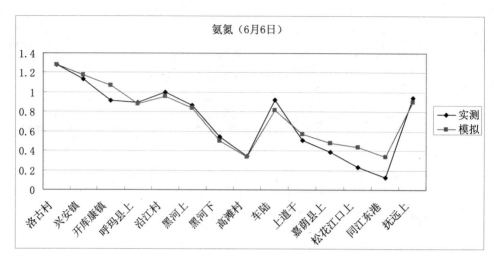

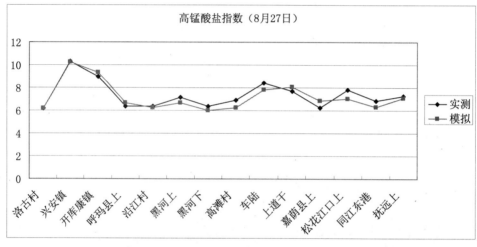

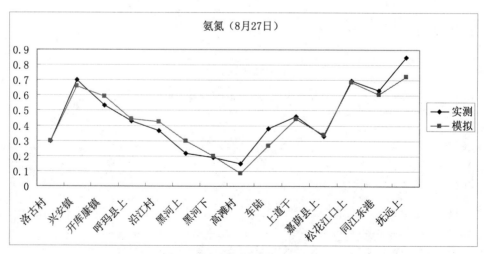

图 3-6 控制断面水质模拟与观测结果对比（单位：mg/L）

综合以上的计算分析，可以确定建立的水质模型模拟结果可靠，能够满足工程实际计算的需要。

3.3.3.2 断面优化

采用建立的水流水质模型，模拟黑龙江干流丰、平、枯三个水期的水质状况。模型计算断面间距为 1 km。然后每间隔 20 km 取一个断面的水质模拟结果，加上上游边界和下游边界的水质数据，共计 94 个断面的水质数据，运用物元分析法进行断面优化。

首先对平水期进行优化，结果见图 3-7。根据物元分析结果可以看出，94 个断面可以划分为 10 个水质类型区间（表 3-13）。对比已有断面与 10 个水质类型分区，发现其中有 5 个区间内有两个以上现存水质断面。但 12 号断面（松花江口上）与 13 号断面（同江东港）水质变化比较明显（图 3-8），且这两个断面为传统水质监测断面，不宜合并。因此，推荐合并断面有 3 处，即呼玛县上、沿江村与黑河上、黑河下与高滩村以及抚远上与小河子（表 3-14）。

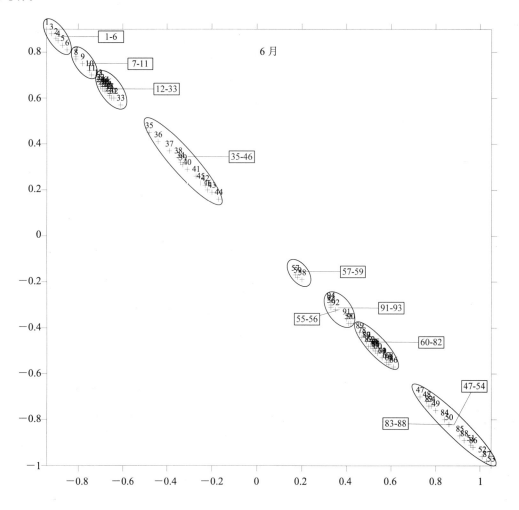

图 3-7 平水期物元分析对模拟数据的断面优化结果

表 3-13　平水期断面优化结果

同类断面起止编号	1~6	7~11	12~33	34~46	47~54	55~56	57~59	60~82	83~88	89~94
已有断面	1	2	3	4、5、6	7、8	9	10	11	12、13	14、15

表 3-14　平水期建议合并和增加的断面

断面编号	监测断面名称
4、5、6	呼玛县上、沿江村、黑河上
7、8	黑河下、高滩村
14、15	抚远上、小河子

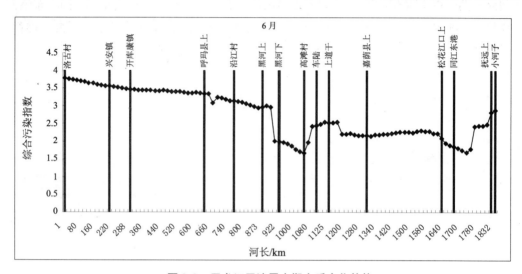

图 3-8　黑龙江干流平水期水质变化趋势

　　然后对丰水期进行优化，结果见图 3-9。根据物元分析结果可以看出，94 个断面可以划分为 14 个水质类型区间，另有个别断面游离于各区间之外（见表 3-15）。对比已有断面与 14 个水质类型分区，发现其中有 3 个区间内有两个以上的现存水质断面。从趋势分析图（图 3-10）中看出，这 3 个区间内的相似断面确实变化不明显，宜合并。因此，推荐合并断面有 3 处，并在距离起点 100~120 km 等 4 处增加监测断面（表 3-16）。

表 3-15　丰水期断面优化结果

同类断面起止编号	1~2	6~7	11~12	13~17	18~20	21~24	30~36	37~44	47~53	57~59	60~77	78~81	83~87	89~94
已有断面	1		2	3			4	5、6	7、8	10	11		13	14、15

表 3-16 丰水期建议合并和增加断面

应合并断面		应插入断面
断面编号	监测断面名称	断面位置/km
5、6	沿江村、黑河上	100～120
7、8	黑河下、高滩村	340～380
14、15	抚远上、小河子	380～480
		1 540～1 640

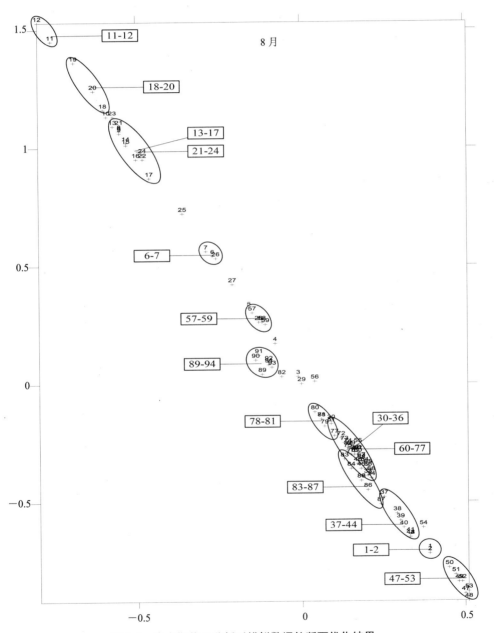

图 3-9 丰水期物元分析对模拟数据的断面优化结果

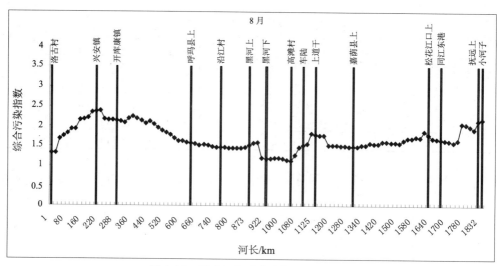

图 3-10　黑龙江干流丰水期水质变化趋势

最后对枯水期进行优化，结果见图 3-11。根据物元分析结果可以看出，94 个断面可以划分为 13 个水质类型区间（见表 3-17）。对比已有断面与 13 个水质类型分区，发现其中有 5 个区间内有两个以上的现存水质断面。12 号断面（松花江口上）与 13 号断面（同江东港）从趋势分析图（见图 3-12）中看变化不明显，但考虑这两个断面为传统水质监测断面，不宜合并。由分析结果可知，推荐合并断面有 4 处，并在距离起点 100～120 km 等 3 处增加监测断面（见表 3-18）。

表 3-17　枯水期断面优化结果

同类断面起止编号	1～2	6～7	8～12	14～24	25～33	35～46	47～54	56～59	60～68	69～76	78～81	82～89	90～94
已有断面	1		2	3	4	5、6	7、8	9、10	11			12、13	14、15

表 3-18　枯水期建议合并和增加断面

应合并断面		应增加断面
断面编号	监测断面名称	断面位置/km
5、6	沿江村、黑河上	100～120
7、8	黑河下、高滩村	1 360～1 500
9、10	车陆、上道干	1 500～1 600
14、15	抚远上、小河子	

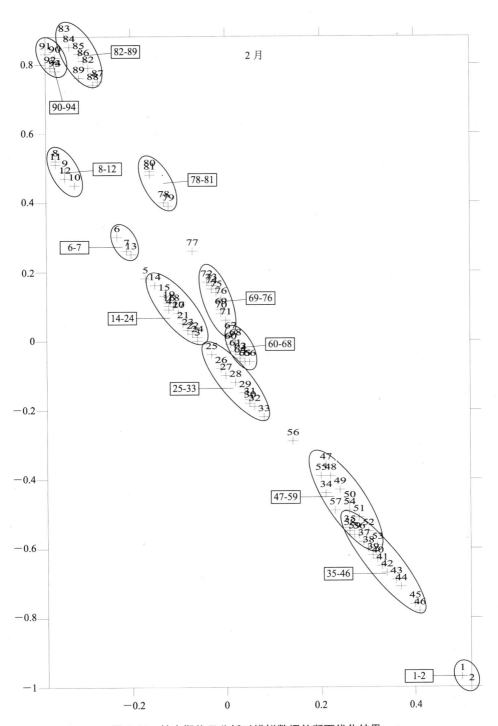

图 3-11　枯水期物元分析对模拟数据的断面优化结果

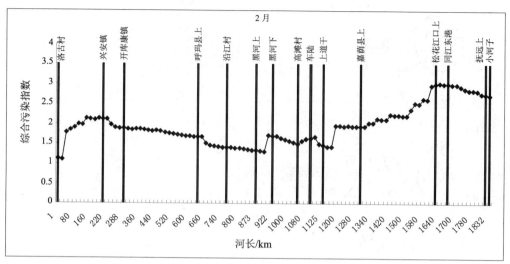

图 3-12 黑龙江干流枯水期水质变化趋势

3.4 黑龙江水环境监测断面优化布置方案

3.4.1 黑龙江干流水环境监测断面优化合并结果

根据物元分析法、灰色聚类分析法及水环境数值模拟法优化分析结果汇总比较分析可知，黑龙江干流现存的 15 个水质监测断面中有两处断面需要合并，分别为沿江村与黑河上断面及抚远上与小河子断面；高滩村断面可设为平水期加测的削减断面（见表 3-19、表3-20）。

需要合并的沿江村与黑河上断面中，沿江村断面可以考虑去除。专家推荐沿江村断面的目的是作为呼玛河汇入黑龙江后的控制断面，且可作为大兴安岭与黑河市间的出入境断面，但三种分析方法分析丰、平、枯水期均显示沿江村断面与黑河上断面水质指标相近。黑河上断面为已有长期监测断面，且为重点城市上游入境断面，因此应该去除沿江村断面，需要时可以用黑河上断面监测结果代替沿江村的断面功能。

需要合并的抚远上与小河子断面中，抚远上断面可以考虑去除。专家推荐抚远上断面的目的是作为俄罗斯比腊河汇入黑龙江后的控制断面以及抚远县上游的入境断面，但三种分析方法中除物元分析法于丰水期没有将抚远上与小河子断面合并外，其余丰、平、枯水期均显示抚远上与小河子断面水质指标相近。由于小河子断面位于重点城镇下游，且距离黑龙江出国境边界近，断面监测数据更具有代表性。因此，应该去除抚远上断面。

三个优化方法显示黑河下断面与高滩村断面在枯水期及丰水期可以考虑合并保留一个，而在平水期的 6 月，黑河下断面与高滩村断面水质监测结果有一定的差别。由于黑河下断面作为黑河市城市下游及结雅河入流下游的控制断面，是已经存在的常规水质监测站，具有长期的水质监测结果，应继续保留。所以，高滩村断面可作为平水期黑河下断面的一个削减断面对待，以确定该江段水质指标的削减情况。

表 3-19　各优化方法建议合并断面结果综合分析

水情	优化方法	不同方法优化结果		各水情期优化结果		全年优化结果	
		断面编号	合并断面名称	合并断面	合并断面名称	合并断面	合并断面名称
枯水期	物元分析法	5、6	沿江村、黑河上	5、6	沿江村、黑河上	5、6	沿江村、黑河上
		7、8、9	黑河下、高滩村、车陆				
		14、15	抚远上、小河子				
	灰色聚类分析法	3、4	开库康镇、呼玛县上	7、8	黑河下、高滩村		
		7、8、9	黑河下、高滩村、车陆				
	水环境数值模拟法	5、6	沿江村、黑河上	14、15	抚远上、小河子		
		7、8	黑河下、高滩村				
		9、10	车陆、上道干				
		14、15	抚远上、小河子				
平水期	物元分析法	5、6	沿江村、黑河上	5、6	沿江村、黑河上	14、15	抚远上、小河子
		9、10	车陆、上道干				
		14、15	抚远上、小河子				
	灰色聚类分析法	2、3	兴安镇、开库康	14、15	抚远上、小河子		
		4、5、6	呼玛县上、沿江村、黑河上				
	水环境数值模拟法	4、5、6	呼玛县上、沿江村、黑河上				
		7、8	黑河下、高滩村				
		14、15	抚远上、小河子				
丰水期	物元分析法	4、5、6	呼玛县上、沿江村、黑河上	5、6	沿江村、黑河上		
		7、8	黑河下、高滩村				
	灰色聚类分析法	5、6、7	沿江村、黑河上、黑河下	7、8	黑河下、高滩村		
		10、11	上道干、嘉荫				
		14、15	抚远上、小河子				
	水环境数值模拟法	5、6	沿江村、黑河上	14、15	抚远上、小河子		
		7、8	黑河下、高滩村				
		14、15	抚远上、小河子				

表 3-20　推荐优化去除断面方案

水情	优化去除断面		推荐优化去除理由
	断面编号	监测断面名称	
枯水期	5	沿江村	三方法均建议合并 5、6 号断面，但 6 号断面为已有长期监测断面且为重点城市上游入境断面，因此，应该去除 5 号断面
	8	高滩村	三方法有两个建议合并 7、8 号断面，但 7 号断面为已有长期监测断面且为重点城市下游出境断面，因此，应该去除 8 号断面
	14	抚远上	三方法均建议合并 14、15 号断面，14 号断面为城市上游入境断面，15 号为城市下游出境断面，因此，考虑断面的控制作用，去除 14 号断面

水情	优化去除断面		推荐优化去除理由
	断面编号	监测断面名称	
平水期	5	沿江村	同上
	14	抚远上	同上
丰水期	5	沿江村	同上
	8	高滩村	同上
	14	抚远上	同上

3.4.2 黑龙江干流水环境监测断面优化增加结果

根据水环境数值模拟断面优化结果可以看出，在枯水期及丰水期均存在水质类型相似断面群缺少专家推荐断面的情况，其中从上游洛古村 0 起点算起的话，优化结果为 100～120 km 处及 1 500～1 600 km 处两个水情期共同需要增加监测断面。

通过实际调查，建议在 110 km 处应增设大草甸子断面，1 545 km 处增设名山镇断面。大草甸子断面位于黑龙江干流起始点额尔古纳河与石勒喀河汇合点下游约 117.5 km 处，而专家推荐的第一个断面洛古村断面距离该起点约 7.5 km。洛古村断面距离两河汇流点较近，两河水质不同，难以均匀混合，不能够真实反映黑龙江干流入流断面的实际水质情况，但洛古村断面具有长期水文观测站，功能特殊，该水质断面应该保留。至大草甸子断面干流两大支流已经混合均匀，该断面可设置为黑龙江干流背景断面，且交通便利，利于监测。

名山镇断面原本为专家推荐断面之一，为了验证本研究的可靠性而人为舍弃没有参与优化计算。通过优化计算结果可以看出，名山镇断面确实需要设定为监测断面。

3.4.3 黑龙江水环境监测断面优化布设方案

根据黑龙江边界河流水环境监测断面的特殊性以及 10 项水环境监测目的（见表 3-21），依据断面布设的基本原则，确定断面优化布设方案（表 3-22）。

表 3-21 水环境监测断面监测目的分类

代码	监测目的
①	全流域水质状况表征系统
②	流域背景水质状况表征系统
③	预警预报系统
④	国控网黑龙江省子系统
⑤	流域通量水质状况表征系统（本身超标的指标、河口下游超标的指标）
⑥	城市污染控制表征系统
⑦	饮用水源地水质状况表征系统
⑧	跨行政区界水质状况表征系统
⑨	流域规划考核水质状况表征系统
⑩	中俄联合监测

表 3-22　黑龙江干流及主要支流水环境监测断面具体位置

河流名称	断面编号	断面名称	断面位置
黑龙江干流	1	洛古村	121°35′24.2″E，53°21′08.2″N
	2	大草甸子	123°4′18.5″E，53°30′24.26″N
	3	兴安镇	123°59′58.8″E，53°24′13.6″N
	4	开库康镇	124°48′16.8″E，53°08′29.4″N
	5	呼玛县上	126°39′59.1″E，51°44′07.5″N
	6	黑河上	127°21′1″E，50°18′21.2″N
	7	黑河下	127°31′19″E，50°05′24″N
	8	高滩村	128°19′56″E，49°32′15″N
	9	车陆	128°18′40.5″E，49°32′23.9″N
	10	上道干	128°56′47.8″E，49°27′9.8″N
	11	嘉荫县上	129°53′23″E，49°4′27.1″N
	12	名山	131°3′42.2″E，47°41′N
	13	松花江口上	132°24′55″E，47°44′10″N
	14	同江东港	132°39′45.9″E，47°57′20.2″N
	15	小河子	134°53′49.8″E，48°25′52.4″N
额尔古纳河	16	额尔古纳河口	121°28′59.8″E，53°19′55.1″N
额木尔河	17	额木尔河口内	123°42′04.9″E，53°18′50.9″N
呼玛河	18	呼玛河口内	126°36′27.2″E，51°39′54″N
逊河	19	逊河口内	128°52′53.5″E，49°23′47.6″N
松花江	20	同江	132°28′5.0″E，47°38′32.0″N

（1）1 号断面：黑龙江干流源头处为额尔古纳河与石勒喀河合流处，该点也是中国内蒙古自治区与黑龙江省省界交汇点，洛古村位于该点下游约 3.5 km 处，是最靠近两河交汇口的行政村，同时洛古村有国家水文观测站。因此，设置洛古村断面为入境流域背景断面。

（2）2 号断面：大草甸子村位于黑龙江干流洛古村下游约 110 km 处，根据水质模型模拟结果分析，该处江段水质在每年 2 月、8 月与上下游水质差别较大。黑龙江额尔古纳河与石勒喀河入境水资源至此混合均匀。因此，将该处设置为黑龙江干流第一个控制断面。

（3）3 号断面：额木尔河为黑龙江干流第一个较大的一级支流，因此，在额木尔河汇入黑龙江干流上游的兴安镇设置一个交界断面。

（4）4 号断面：在额木尔河汇入黑龙江干流下游的开库康镇设置一个控制断面。

（5）5 号断面：呼玛河为黑龙江干流第二个较大的一级支流，因此，在呼玛河汇入黑龙江干流上游的呼玛县位置设置一个交界断面。

（6）6 号断面：由于黑河上断面水质指标可以代表呼玛河汇入黑龙江干流下游的水质变化规律，且黑河上断面位于黑龙江干流上重点城市黑河市上游，加之结雅河在黑河市下游不远处汇入黑龙江干流，因此将黑河上断面设置为交界断面，具有对呼玛河入流后的控制断面及黑河市入境断面的控制作用。

（7）7 号断面：黑河下断面位于结雅河入流节点下游，是结雅河入流及黑河市排污的综合控制断面。

（8）8 号断面：高滩村断面作为黑河下控制断面的组成部分，在枯水期及丰水期由于与黑河下断面水质变化规律相同，可以不予监测，而在平水期可以作为黑河下断面必要的补充，可作为综合控制断面的削减断面应用。

（9）9 号断面：车陆断面位于逊河口上游，断面可设置为交界断面，监控逊河汇入黑龙江前黑龙江干流水质背景情况。

（10）10 号断面：上道干断面位于逊河口下游布列亚河上游，断面可设置为交界断面，监控两大支流汇入黑龙江前后黑龙江干流水质变化情况。

（11）11 号断面：嘉荫县上断面位于布列亚河河口下游，可作为布列亚河入流后的控制断面设置。

（12）12 号断面：名山镇位于黑龙江干流洛古村下游约 1 545 km 处，根据水质模型模拟结果分析，该处江段水质在每年 2 月、8 月与上下游水质差别较大。因此，可将该处设置为丰水期、枯水期控制断面。

（13）13 号断面：松花江上断面位于松花江口上游，可作为松花江入流节点上游的交界控制断面而设置。

（14）14 号断面：松花江同江东港断面位于松花江口下游，可作为松花江入流节点下游的交界控制断面而设置。

（15）15 号断面：小河子断面位于抚远县下游，作为黑龙江干流与乌苏里江交界前的最近一个断面，距离黑龙江出境点约 58 km，因此，将该断面设置为黑龙江干流出境前的出境断面，监控黑龙江干流出境前的水质。

（16）16~20 号断面：黑龙江干流中国一侧较大的一级支流有额尔古纳河、额木尔河、呼玛河、逊河以及松花江。其中，额尔古纳河作为黑龙江源头两大河流之一，其河口断面设置为该支流的入流控制断面，也可控制该支流流域通量；其余四大支流为黑龙江旁侧入流，各河流河口均设置为交界断面，以监控各支流汇流水质情况。

3.4.4 乌苏里江干流水环境监测断面优化布设方案

乌苏里江干流水环境监测断面优化布设方法原则上与黑龙江干流水环境监测断面优化布设方法相同。但是，由于乌苏里江干流受人类活动影响相对小，水质常规监测断面仅有两处，尤为不利的是乌苏里江未设立水文监测断面，无法使用水质数值模拟的方法分析断面的优化布设问题。因此，只能采用物元分析方法对乌苏里江专家推荐的水质监测断面进行优化。

应用物元分析法优化乌苏里江干流专家推荐的 7 个水质监测断面，枯水期分析结果见表 3-23 和图 3-13，平水期分析结果见表 3-24 和图 3-14，丰水期分析结果见表 3-25 和图 3-15。

表 3-23　枯水期乌苏里江各监测断面综合关联函数 K_a（X_i）和 K_b（X_i）值

监测断面名称	断面编号	K_b（X_i）	K_a（X_i）
乌下穆上	1	−0.38	0.40
虎头上	2	0.69	−1.24
饶河上	3	0.26	−0.59
饶河下	4	0.11	−0.29
东安镇（四合屯）	5	−0.05	0.79
乌苏镇	6	0.59	−0.91

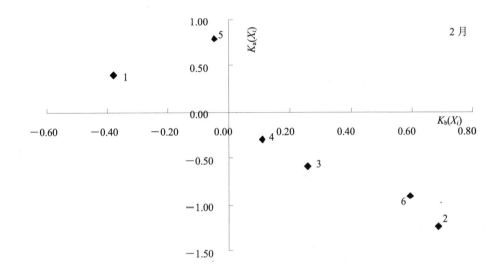

图 3-13　枯水期监测断面的综合关联函数点聚图

表 3-24　平水期乌苏里江各监测断面综合关联函数 K_a（X_i）和 K_b（X_i）值

监测断面名称	断面编号	K_b（X_i）	K_a（X_i）
858 九连	1	0.26	−0.06
乌下穆上	2	0.28	−0.48
虎头上	3	0.18	−0.17
饶河上	4	−0.22	0.10
饶河下	5	−0.14	−0.02
东安镇（四合屯）	6	0.35	−0.36
乌苏镇	7	−0.71	1.00

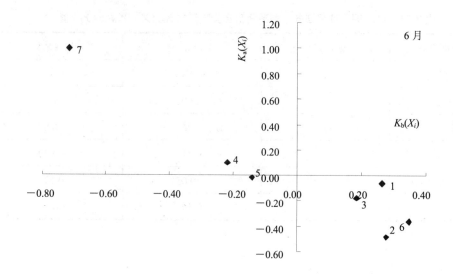

图 3-14　平水期监测断面的综合关联函数点聚图

表 3-25　丰水期乌苏里江各监测断面综合关联函数 $K_a(X_i)$ 和 $K_b(X_i)$ 值

监测断面名称	断面编号	$K_b(X_i)$	$K_a(X_i)$
858 九连	1	−0.16	0.23
乌下穆上	2	−0.09	0.05
虎头上	3	−0.12	0.13
饶河上	4	0.42	−0.53
饶河下	5	0.11	−0.30
东安镇（四合屯）	6	0.04	−0.03
乌苏镇	7	−0.20	0.46

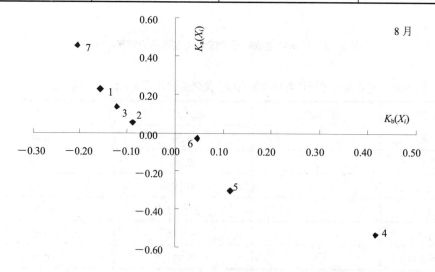

图 3-15　丰水期监测断面的综合关联函数点聚图

根据乌苏里江边界河流水环境监测断面的特殊性以及 10 项水环境监测目的（表 3-21），依据断面布设的基本原则，确定断面优化布设方案（表 3-26）。

表 3-26　乌苏里江干支流水质监测断面具体位置

河流名称	断面编号	断面名称	断面位置
松阿察河	1	龙王庙	132°51′09.1″E，45°03′35.2″N
	2	858 九连	133°17′28.3″E，45°32′38.2″N
乌苏里江干流	3	乌下穆上	133°30′30.1″E，45°52′30.1″N
	4	虎头上	133°40′51.9″E，45°58′18.3″N
	5	饶河上	134°01′36.1″E，46°40′54.3″N
	6	饶河下	134°01′36.1″E，46°40′54.3″N
	7	东安镇	134°11′08.5″E，47°20′02.4″N
	8	乌苏镇	134°40′11.7″E，48°15′26.1″N
穆棱河	9	穆棱河口内	133°30′20.9″E，45°52′39.7″N
挠力河	10	挠力河口内	133°45′56.4″E，47°15′10.3″N

（1）源头设置背景断面一处。乌苏里江干流有两大源头分别是境内的松阿察河与俄罗斯乌拉河，类似于黑龙江干流背景断面的选取，乌下穆上断面位于乌苏里江两大源头松阿察河与俄罗斯乌拉河汇合口下游，以此断面作为乌苏里江干流背景断面。

（2）松阿察河作为乌苏里江境内最大源头，其源头龙王庙断面可设置为背景断面，乌苏里江干流汇流口处 858 九连断面可设置为交界断面。

（3）乌苏镇断面为乌苏里江与黑龙江汇合口上游的最邻近断面，由于汇合口处即为黑龙江与乌苏里江出境之处，因此，该断面设置为出境控制断面。

（4）乌苏里江干流上其余断面为境内外主要一级支流汇入口上下游的交界断面。

（5）乌苏里江流域境内主要一级支流穆棱河、挠力河河口分别设置一个交界断面，以监控各自汇流水质情况。

3.4.5　优化断面的基本监测功能

通过对监测断面数量和每个断面微观位置的优化，最终黑龙江流域监测断面确定为 15 个，乌苏里江流域监测断面确定为 10 个。优化确定的每个断面均有良好的采样可行性。优化确定的 25 个监测断面可有效完成黑龙江流域和乌苏里江流域目前环境管理需要达到的 10 个监测目的（表 3-27、表 3-28）。

表 3-27　黑龙江流域优化后的监测断面对 10 个监测目的功能

河流名称	序号	断面名称	代表距离/km	①全流域	②流域背景	③预警预报	④国控网	⑤流域通量	⑥城市污染	⑦饮用水	⑧跨行政区	⑨规划考核	⑩中俄监测
黑龙江干流	1	洛古村	0	●	●								
	2	大草甸子	119	●									
	3	兴安镇	105	●									
	4	开库康镇	110	●									
	5	呼玛县上	315	●			●	●					
	6	黑河上	245	●					●				
	7	黑河下	71	●			●	●	●				●
	8	高滩村	85	●					●		●		
	9	车陆	57	●									
	10	上道干	68	●									
	11	嘉荫县上	106	●			●	●					
	12	名山镇	319	●									●
	13	松花江口上	20	●				●					
	14	同江东港	95	●				●					
	15	小河子(抚远下)	175	●			●	●					●
额尔古纳河	16	额尔古纳河口内	0	●				●					
额木尔河	17	额木尔河口内	0	●				●					
呼玛河	18	呼玛河口内	0	●				●					
逊河	19	逊河口内	0	●				●					
松花江	20	同江	0	●			●	●	●			●	

表 3-28　乌苏里江流域优化后的监测断面对 10 个监测目的功能

河流名称	序号	断面名称	代表距离	①全流域	②流域背景	③预警预报	④国控网	⑤流域通量	⑥城市污染	⑦饮用水	⑧跨行政区	⑨规划考核	⑩中俄监测
松阿察河	1	龙王庙	0	●		●	●						●
	2	858 九连	0	●				●					
乌苏里江干流	3	乌下穆上	66	●	●								
	4	虎头上	29	●									
	5	饶河上	146	●									
	6	饶河下	63	●									
	7	东安镇	86	●									
	8	乌苏镇	105	●		●	●						●
穆棱河	9	穆棱河口内	0	●		●		●					
挠力河	10	挠力河口内	0	●				●					

第 4 章　中俄环境管理特征分析

国界作为最高级别的行政界线对流域整体性的分割，造成了国际河流管理的困难，使得国际河流的开发和利用所产生的社会、生态和环境影响国际化。基于国家利益的制约，对待同一流域的开发与管理各流域国之间往往存在观点分歧。跨国界流域水环境监测指标体系与断面布置，不仅涉及水质和水污染，更涉及水资源的合理利用和国际间水环境与水资源的共同管理，关系到国界两侧国家的和谐共处和边界区域的长治久安与可持续发展。

本章重点对比分析中俄两国水环境管理的特点，为解决国际水域及跨境河流环境污染问题提供技术支撑，提升应对环境变化及履约能力。具体包括中俄环境管理手段的评估、中俄地表水监测技术规范对比分析和中俄水质标准对比分析。

4.1 中俄环境管理手段评估

4.1.1 评估方法介绍

层次分析法（Analytic Hierarchy Process，AHP）是美国运筹学家 T. L. Saaty 教授于 20 世纪 70 年代初期提出的一种简便、灵活而又实用的多准则决策方法，是对一些较为复杂、模糊的问题作出决策的简易方法，尤其适用于那些难于完全定量分析的问题。

4.1.1.1 层次分析法的基本原理和步骤

人们在进行系统分析时，常常面临的是一个由相互关联、相互制约的众多因素构成的复杂而缺少定量数据的系统。层次分析法为这类问题的决策和排序提供了一种新的、简洁而实用的建模方法。运用层次分析法建模，大体上可按下面四个步骤进行：① 建立递阶层次结构模型；② 构造出各层次中的所有判断矩阵；③ 层次单排序及一致性检验；④ 层次总排序及一致性检验。

4.1.1.2 递阶层次结构的建立与特点

应用 AHP 分析决策问题时，首先要把问题条理化、层次化，构造出一个有层次的结构模型。在这个模型下，复杂问题被分解为元素的组成部分，这些元素又按其属性及关系形成若干层次，上一层次的元素作为准则对下一层次有关元素起支配作用。这些层次可以分为三类：

（1）最高层：这一层次中只有一个元素，一般它是分析问题的预定目标或理想结果，因此也称为目标层。

（2）中间层：这一层次中包含了为实现目标所涉及的中间环节，它可以由若干个层次组成，包括所需考虑的准则、子准则，因此也称为准则层。

（3）最底层：这一层次包括了为实现目标可供选择的各种措施、决策方案等，因此也称为措施层或方案层。

递阶层次结构中的层次数与问题的复杂程度及需要分析的详尽程度有关，一般地层次数不受限制。每一层次中各元素所支配的下层元素一般不要超过 9 个，这是因为支配的元素过多会给两两比较判断带来困难。

4.1.1.3 构造判断矩阵

层次结构反映了因素之间的关系，但准则层中的各准则在目标衡量中所占的比重并不一定相同，在决策者的心目中，它们各占有一定的比例。

在确定影响某因素的诸因子在该因素中所占的比重时，遇到的主要困难是这些比重常常不易定量化。此外，当影响某因素的因子较多时，直接考虑各因子对该因素有多大程度的影响时，常常会因考虑不周全、顾此失彼而使决策者提出与他实际认为的重要性程度不相一致的数据，甚至可能提出一组隐含矛盾的数据。

Saaty 等人建议可以采取对因子进行两两比较建立成对比较矩阵的办法，即每次取两个因子 x_i 和 x_j，以 a_{ij} 表示 x_i 和 x_j 对 Z 的影响大小之比，全部比较结果用矩阵 $A = (a_{ij})_{n \times n}$ 表示，称 A 为 $Z - X$ 之间的成对比较判断矩阵（简称判断矩阵）。容易看出，若 x_i 与 x_j 对 Z 的影响之比为 a_{ij}，则 x_j 与 x_i 对 Z 的影响之比应为 $a_{ji} = \dfrac{1}{a_{ij}}$。若矩阵 $A = (a_{ij})_{n \times n}$ 满足 $a_{ij} > 0$，且 $a_{ji} = \dfrac{1}{a_{ij}}$（$i, j = 1, 2, \cdots, n$），则称之为正互反矩阵（易见 $a_{ij} = 1$，$i = 1, \cdots, n$）。

关于如何确定 a_{ij} 的值，Saaty 等建议引用数字 1～9 及其倒数作为标度。标度的含义见表 4-1。

表 4-1　标度含义

标度	含义
1	表示两个因素相比，具有相同重要性
3	表示两个因素相比，前者比后者稍重要
5	表示两个因素相比，前者比后者明显重要
7	表示两个因素相比，前者比后者强烈重要
9	表示两个因素相比，前者比后者极端重要
2，4，6，8	表示上述相邻判断的中间值
倒数	若因素 i 与因素 j 的重要性之比为 a_{ij}，那么因素 j 与因素 i 重要性之比为 $a_{ji} = \dfrac{1}{a_{ij}}$

通常分级太多会超越人们的判断能力，既增加了作判断的难度，又容易因此出现虚假数据。Saaty 等人用实验方法比较了在各种不同标度下人们判断结果的正确性，实验结果表明，采用 1～9 标度最为合适。

应该指出，一般作 $\frac{n(n-1)}{2}$ 次两两判断是必要的。有人认为把所有元素都和某个元素比较，即只作 $n-1$ 个比较就可以了。这种做法的弊病在于，任何一个判断的失误均可导致不合理的排序，而个别判断的失误对于难以定量的系统往往是难以避免的。进行 $\frac{n(n-1)}{2}$ 次比较可以提供更多的信息，通过各种不同角度的反复比较，从而导出一个合理的排序。

4.1.1.4 层次单排序及一致性检验

判断矩阵 A 对应于最大特征值 λ_{max} 的特征向量 W，经归一化后即为同一层次相应因素对于上一层次某因素相对重要性的排序权值，该过程称为层次单排序。

上述构造成对比较判断矩阵的办法虽能减少其他因素的干扰，较客观地反映出一对因子影响力的差别。但综合全部比较结果时，其中难免包含一定程度的非一致性。如果比较结果是前后完全一致的，则矩阵 A 的元素还应当满足：

$$a_{ij}a_{jk}=a_{ik}, \quad \forall i, j, k=1, 2, \cdots, n \tag{4-1}$$

满足关系式（4-1）的正互反矩阵称为一致矩阵。需要检验构造出来的（正互反）判断矩阵 A 是否严重的非一致，以便确定是否接受 A。

定理 1 正互反矩阵 A 的最大特征根 λ_{max} 必为正实数，其对应特征向量的所有分量均为正实数。A 的其余特征值的模均严格小于 λ_{max}。

定理 2 若 A 为一致矩阵，则

（1）A 必为正互反矩阵。

（2）A 的转置矩阵 A^T 也是一致矩阵。

（3）A 的任意两行成比例，比例因子大于零，从而 rank（A）=1（同样，A 的任意两列也成比例）。

（4）A 的最大特征值 $\lambda_{max}=n$，其中 n 为矩阵 A 的阶。A 的其余特征根均为零。

（5）若 A 的最大特征值 λ_{max} 对应的特征向量为 $W=(w_1, \cdots, w_n)^T$，则 $a_{ij}=\dfrac{w_i}{w_j}$，$\forall i, j=1, 2, \cdots, n$，即

$$A=\begin{bmatrix} \dfrac{w_1}{w_1} & \dfrac{w_1}{w_2} & \cdots & \dfrac{w_1}{w_n} \\ \dfrac{w_2}{w_1} & \dfrac{w_2}{w_2} & \cdots & \dfrac{w_2}{w_n} \\ \cdots & \cdots & \cdots & \cdots \\ \dfrac{w_n}{w_1} & \dfrac{w_n}{w_2} & \cdots & \dfrac{w_n}{w_n} \end{bmatrix} \tag{4-2}$$

定理 3 n 阶正互反矩阵 A 为一致矩阵当且仅当其最大特征根 $\lambda_{max}=n$ 且正互反矩阵 A 非一致时,必有 $\lambda_{max}>n$。

根据定理 3,可以由 λ_{max} 是否等于 n 来检验判断矩阵 A 是否为一致矩阵。由于特征根连续地依赖于 a_{ij},故 λ_{max} 比 n 大得越多,A 的非一致性程度也就越严重,λ_{max} 对应的标准化特征向量也就越不能真实地反映出 $X=\{x_1,\cdots,x_n\}$ 在对因素 Z 的影响中所占的比重。因此,对决策者提供的判断矩阵有必要作一致性检验,以决定是否能够接受。对判断矩阵的一致性检验的步骤如下:

(1)计算一致性指标 CI

$$CI = \frac{\lambda_{max}-n}{n-1} \qquad (4-3)$$

(2)查找相应的平均随机一致性指标 RI。对 $n=1,\cdots,9$,Saaty 给出了 RI 的值,如表 4-2 所示。

表 4-2 RI 值

n	1	2	3	4	5	6	7	8	9
RI	0	0	0.58	0.9	1.12	1.24	1.32	1.41	1.45

为获得 RI 的值,用随机方法构造 500 个样本矩阵,随机地从 1~9 及其倒数中抽取数字构造正互反矩阵,求得最大特征根的平均值 λ'_{max},并定义

$$RI = \frac{\lambda'_{max}-n}{n-1} \qquad (4-4)$$

(3)计算一致性比例 CR

$$CR = \frac{CI}{RI} \qquad (4-5)$$

当 CR<0.10 时,认为判断矩阵的一致性是可以接受的,否则应对判断矩阵作适当修正。

4.1.1.5 层次总排序及一致性检验

以上得到的是一组元素对其上一层中某元素的权重向量,AHP 的最终目标是得到各元素特别是最低层中各方案对于目标的排序权重,从而进行方案选择。

设上一层次(A 层)包含 $A_1,\cdots,A_m$ 共 m 个因素,它们的层次总排序权重分别为 $a_1,\cdots,a_m$,又设其后的下一层次(B 层)包含 n 个因素 $B_1,\cdots,B_n$,它们关于 A_j 的层次单排序权重分别为 $b_{1j},\cdots,b_{nj}$(当 B_i 与 A_j 无关联时,$b_{ij}=0$)。现求 B 层中各因素关于总目标的权重,即求 B 层各因素的层次总排序权重 $b_1,\cdots,b_n$,计算按下表所示方式进行,即 $b_i = \sum_{j=1}^{m} b_{ij}a_j$,$i=1,\cdots,n$。

对层次总排序也需作一致性检验,检验仍像层次总排序那样由高层到低层逐层进行。这是因为虽然各层次均已经过层次单排序的一致性检验,并成对比较判断矩阵都已具有较为满意的一致性,但当综合考察时,各层次的非一致性仍有可能积累起来,引起最终分析结果出现较严重的非一致性。

设 B 层中与 A_j 相关的因素的成对比较判断矩阵在单排序中经一致性检验,求得单排序一致性指标为 CI(j)($j=1,\cdots,m$),相应的平均随机一致性指标为 RI(j)(CI(j)、RI(j)已在层次单排序时求得),则 B 层总排序随机一致性比例为

$$CR = \frac{\sum_{j=1}^{m} CI(j)a_j}{\sum_{j=1}^{m} RI(j)a_j} \tag{4-6}$$

当 CR<0.10 时,认为层次总排序结果具有较满意的一致性,并接受该分析。

4.1.2 中俄环境管理手段影响因素的选择

依据两国环境管理的特点,选择法律手段、经济刺激手段、技术手段、行政手段、宣传教育手段和基于自愿协商的非管制手段六个手段作为目标层的因素。各个准则层选取的因素如下:

法律手段:①国际公约;②国家宪法;③环境保护基本法;④环境保护单行法;⑤环保法规;⑥环境标准;⑦环境管理制度。

经济刺激手段:①环境收费(污染税、资源税、排污费等);②押金制度;③许可证交易;④优惠贷款环保基金;⑤综合利用资源奖励优惠。

技术手段:①国家制定的环境保护技术政策;②推广的最佳实用技术。

行政手段:①制定方针、政策;②建立法规;③颁布标准。

宣传教育手段:①各种专业环境教育;②环保岗位培训;③环境社会教育。

基于自愿协商的非管制手段:①ISO 14000;②清洁生产;③自愿性环境协议。

中俄环境管理手段对比见表 4-3。

表 4-3 中俄环境管理手段对比

环境管理手段		内容	中国	俄罗斯
法律手段	国际公约	合作协定	√	√
		合作备忘录	√	×
		联合声明	√	√
		合作行动计划	√	√
		合作基本原则	√	√
	国家宪法	有关环境保护的规定	√	√

环境管理手段		内容	中国	俄罗斯
法律手段	环保基本法	中华人民共和国环境保护法	√	√
		中华人民共和国水法	√	√
	环保单行法	中华人民共和国污染防治法	√	×
		中华人民共和国资源保护法	√	√
	环保法规	行政法规	√	√
		部门规章	√	×
		管理条例	√	√
	环境标准	环境质量标准	√	√
		污染物排放标准	√	√
		监测方法标准	√	√
	环境管理制度	"三同时"制度	√	×
		环境影响评价制度	√	√
		排污收费制度	√	√
		城市环境综合整治定量考核制度	√	×
		环境保护目标责任制	√	×
		排污申报登记与排污许可证制度	√	√
		污染集中控制制度	√	×
		环境（生态）监察	×	√
		企业生态标准	×	√
经济刺激手段	环境收费	污染税	√	√
		资源税	√	×
		排污费	√	√
	押金制度	内容，应用	√	×
	许可证交易	内容，应用	√	√
	优惠贷款环保基金	内容，应用	√	×
	综合利用资源奖励优惠	内容，应用	√	√
技术手段	国家制定的环境保护技术政策	污染防治的技术政策	√	×
		技术规范	√	×
		技术调控	×	√
	推广最佳实用技术	先进的污染防治技术	√	√
		资源综合利用技术	√	√
		生态保护技术	√	√
		清洁生产技术	√	√
行政手段	制定方针、政策	程序	√	√
	建立法规	程序	√	√
	颁布标准	程序	√	√
宣传教育手段	各种专业环境教育	将环境教育课程列为高校非环境专业的必修课	√	×
		突出师范院校学生环境教育的地位	√	×
		环保领域的科研	√	√

环境管理手段	内容		中国	俄罗斯
宣传教育手段	环保岗位培训	环保部举办的培训	√	×
		省级举办的培训	√	×
		地（市）举办的培训	√	×
	环境社会教育	传播环保知识	√	√
		倡导环保行为	√	√
		树立坏境道德意识	√	√
		生态文化的形成	×	√
基于自愿协商的非管制手段	ISO 14000	内容，应用	√	×
	清洁生产	内容，应用	√	√
	自愿性环境协议	内容，应用	√	×

4.1.3 分析结果

三位专家按照层次分析法分别对六个手段进行打分，然后针对每个问题进行计算，结果如下。

（1）法律手段

三位专家的计算结果见表 4-4。法律手段总排序权值均值中国为 0.324 7，俄罗斯为 0.675 3。

表 4-4（a） 基于三位专家打分对法律手段的计算结果（专家一）

准则		国际公约	国家宪法	环保基本法	环保单行法	环保法规	环境标准	环境管理制度	总排序权值
准则层权值		0.345 9	0.233	0.184 1	0.110 7	0.059	0.038 8	0.028 5	—
方案排序	中国	0.333 3	0.333 3	0.25	0.2	0.333 3	0.333 3	0.75	0.300 9
	俄罗斯	0.666 7	0.666 7	0.75	0.8	0.666 7	0.666 7	0.25	0.699 1

表 4-4（b） 基于三位专家打分对法律手段的计算结果（专家二）

准则		国际公约	国家宪法	环保基本法	环保单行法	环保法规	环境标准	环境管理制度	总排序权值
准则层权值		0.354 3	0.239 9	0.158 7	0.103 6	0.067 6	0.044 8	0.031 1	—
方案排序	中国	0.333 3	0.333 3	0.25	0.25	0.2	0.333 3	0.666 7	0.312 9
	俄罗斯	0.666 7	0.666 7	0.75	0.75	0.8	0.666 7	0.333 3	0.687 1

表 4-4（c） 基于三位专家打分对法律手段的计算结果（专家三）

准则		国际公约	国家宪法	环保基本法	环保单行法	环保法规	环境标准	环境管理制度	总排序权值
准则层权值		0.391 2	0.245 4	0.152 3	0.093 9	0.057 9	0.036 0	0.023 3	—
方案排序	中国	0.333 3	0.333 3	0.333 3	0.333 3	0.666 7	0.333 3	0.666 7	0.360 4
	俄罗斯	0.666 7	0.666 7	0.666 7	0.666 7	0.333 3	0.666 7	0.333 3	0.639 6

（2）经济刺激手段

三位专家的计算结果见表 4-5。经济刺激手段总排序权值均值中国为 0.647 6，俄罗斯为 0.352 4。

表 4-5（a） 基于三位专家打分对经济刺激手段的计算结果（专家一）

准则		环境收费	押金制度	许可证交易	优惠贷款	综合利用	总排序权值
准则层权值		0.394 6	0.272 3	0.180 1	0.104 1	0.048 9	—
方案排序	中国	0.666 7	0.333 3	0.750 0	0.666 7	0.750 0	0.595 0
	俄罗斯	0.333 3	0.666 7	0.250 0	0.333 3	0.250 0	0.405 0

表 4-5（b） 基于三位专家打分对经济刺激手段的计算结果（专家二）

准则		环境收费	押金制度	许可证交易	优惠贷款	综合利用	总排序权值
准则层权值		0.144 9	0.249 7	0.459 3	0.089 0	0.057 1	—
方案排序	中国	0.333 3	0.750 0	0.800 0	0.833 3	0.250 0	0.691 5
	俄罗斯	0.666 7	0.250 0	0.200 0	0.166 7	0.750 0	0.308 5

表 4-5（c） 基于三位专家打分对经济刺激手段的计算结果（专家三）

准则		环境收费	押金制度	许可证交易	优惠贷款	综合利用	总排序权值
准则层权值		0.418 5	0.262 5	0.159 9	0.097 3	0.061 8	—
方案排序	中国	0.750 0	0.666 7	0.333 3	0.750 0	0.666 7	0.656 3
	俄罗斯	0.250 0	0.333 3	0.666 7	0.250 0	0.333 3	0.343 7

（3）技术手段

三位专家的计算结果见表 4-6。技术手段总排序权值均值中国为 0.550 9，俄罗斯为 0.449 1。

表 4-6（a） 基于三位专家打分对技术手段的计算结果（专家一）

准则		国家制定	实用技术	总排序权值
准则层权值		0.666 7	0.333 3	—
方案排序	中国	0.333 3	0.666 7	0.444 4
	俄罗斯	0.666 7	0.333 3	0.555 6

表 4-6（b） 基于三位专家打分对技术手段的计算结果（专家二）

准则		国家制定	实用技术	总排序权值
准则层权值		0.750 0	0.250 0	—
方案排序	中国	0.666 7	0.250 0	0.562 5
	俄罗斯	0.333 3	0.750 0	0.437 5

表 4-6（c）　基于三位专家打分对技术手段的计算结果（专家三）

准则		国家制定	实用技术	总排序权值
准则层权值		0.750 0	0.250 0	—
方案排序	中国	0.750 0	0.333 3	0.645 8
	俄罗斯	0.250 0	0.666 7	0.354 2

（4）行政手段

三位专家的计算结果见表 4-7。行政手段总排序权值均值中国为 0.523 0，俄罗斯为 0.477 0。

表 4-7（a）　基于三位专家打分对行政手段的计算结果（专家一）

准则		制定方针	建立法规	颁布标准	总排序权值
准则层权值		0.539 6	0.297 0	0.163 4	—
方案排序	中国	0.250 0	0.200 0	0.200 0	0.227 0
	俄罗斯	0.750 0	0.800 0	0.800 0	0.773 0

表 4-7（b）　基于三位专家打分对行政手段的计算结果（专家二）

准则		制定方针	建立法规	颁布标准	总排序权值
准则层权值		0.637 0	0.258 3	0.104 7	—
方案排序	中国	0.666 7	0.666 7	0.750 0	0.675 4
	俄罗斯	0.333 3	0.333 3	0.250 0	0.324 6

表 4-7（c）　基于三位专家打分对行政手段的计算结果（专家三）

准则		制定方针	建立法规	颁布标准	总排序权值
准则层权值		0.648 3	0.229 7	0.122 0	—
方案排序	中国	0.666 7	0.666 7	0.666 7	0.666 7
	俄罗斯	0.333 3	0.333 3	0.333 3	0.333 3

（5）宣传教育手段

三位专家的计算结果见表 4-8。行政手段总排序权值均值中国为 0.492 5，俄罗斯为 0.507 5。

表 4-8（a）　基于三位专家打分对宣传教育手段的计算结果（专家一）

准则		专业教育	岗位培训	环境教育	总排序权值
准则层权值		0.539 6	0.297 0	0.163 4	—
方案排序	中国	0.666 7	0.750 0	0.250 0	0.623 3
	俄罗斯	0.333 3	0.250 0	0.750 0	0.376 7

表4-8（b）　基于三位专家打分对宣传教育手段的计算结果（专家二）

准则		专业教育	岗位培训	环境教育	总排序权值
准则层权值		0.539 6	0.163 4	0.297 0	—
方案排序	中国	0.333 3	0.666 7	0.333 3	0.387 8
	俄罗斯	0.666 7	0.333 3	0.666 7	0.612 2

表4-8（c）　基于三位专家打分对宣传教育手段的计算结果（专家三）

准则		专业教育	岗位培训	环境教育	总排序权值
准则层权值		0.558 4	0.319 6	0.122 0	—
方案排序	中国	0.333 3	0.750 0	0.333 3	0.466 5
	俄罗斯	0.666 7	0.250 0	0.666 7	0.533 5

（6）基于自愿协商的非管制手段

三位专家的计算结果见表 4-9。基于自愿协商的非管制手段的总排序权值均值中国为 0.451 3，俄罗斯为 0.548 7。

表4-9（a）　基于三位专家打分对自愿协商的非管制手段的计算结果（专家一）

准则		ISO 1400	清洁生产	环境协议	总排序权值
准则层权值		0.527 8	0.332 6	0.139 6	—
方案排序	中国	0.333 3	0.666 7	0.750 0	0.502 4
	俄罗斯	0.666 7	0.333 3	0.250 0	0.497 6

表4-9（b）　基于三位专家打分对自愿协商的非管制手段的计算结果（专家二）

准则		ISO 1400	清洁生产	环境协议	总排序权值
准则层权值		0.309 0	0.581 5	0.109 5	—
方案排序	中国	0.333 3	0.666 7	0.250 0	0.518 1
	俄罗斯	0.666 7	0.333 3	0.750 0	0.481 9

表4-9（c）　基于三位专家打分对自愿协商的非管制手段的计算结果（专家三）

准则		ISO1 400	清洁生产	环境协议	总排序权值
准则层权值		0.297 0	0.539 6	0.163 4	—
方案排序	中国	0.333 3	0.333 3	0.333 3	0.333 3
	俄罗斯	0.666 7	0.666 7	0.666 7	0.666 7

4.1.4 中俄环境管理手段评估结论

根据层次分析法计算结果得出：在经济刺激手段、技术手段和行政手段方面中国比俄罗斯完善一些，而在法律手段、宣传教育手段和基于自愿协商的非管制手段方面俄罗斯比中国更完善一些。

4.2 中俄地表水监测技术规范对比分析

对中俄地表水监测技术规范进行对比，具体见附件 1。通过对中俄地表水监测技术规范对比分析得出下列结论。

4.2.1 实施时间对比

《中华人民共和国环境保护行业标准——地表水和污水监测技术规范》（以下简称《中国规范》）的实施时间为 2003 年 1 月 1 日，《俄罗斯水文气象局系统陆上地表水污染状况监测组织与实施——自然、水界保护系统规范》（以下简称《俄罗斯规范》）的实施时间为 1993 年 1 月 1 日。

4.2.2 阐述内容对比

《中国规范》所探讨的内容更详细一些，不仅包括地表水的监测布点与采样、监测项目、资料整编等内容，还介绍了污水监测的布点与采样、分析方法、流域监测、建设项目污水处理设施竣工环境保护验收监测、应急监测、监测数据整理、处理与上报、监测质量保证与质量控制等内容。而《俄罗斯规范》将地表水监测站分设不同的等级，更加注重水体中生物指标水质的分类与监测、组织与实施地表水中农药含量变化问题等内容。

4.2.3 地表水监测的布点与采样对比

《中国规范》按水面宽设置垂线数，《俄罗斯规范》分水体和水流两种类型，水体按污染区宽度设置垂线数，水流按水样化学成分是否均匀设置垂线数。垂线上的采样点数均按水深来设置。

4.2.4 监测项目对比

地表水监测项目中两国有 11 项是相同的，《中国规范》侧重的是污染控制指标，《俄罗斯规范》侧重的是生物要素浓度和主要离子浓度。

综上所述，《中国规范》所探讨的内容更详细一些，不仅包括地表水的监测布点与采样、监测项目、资料整编等内容，还介绍了污水监测的布点与采样、分析方法等内容。而《俄罗斯规范》将地表水监测站分设不同的等级，更加注重水体中生物指标的分类与监测、组织与实施地表水中农药含量变化问题等内容。监测项目中《中国规范》侧重的是污染控制指标，《俄罗斯规范》侧重的是生物要素浓度和主要离子浓度。

4.3 中俄水质标准对比分析

《中华人民共和国地表水环境质量标准》（GB 3838—2002）中按地表水水域环境功能和保护目标的不同，将地表水环境质量标准中的基本项目标准值分为五类，其中前三类适用于饮用水水源，后两类适用于一般工业用水和农业用水区。俄罗斯水体水质标准按水的用途分类，分为生活饮用水、公共日常用水和渔业用水三类，在其常规指标的规定中分别按这三类水源给出标准值。对于水体中化学物质的最大容许浓度标准，针对生活饮用水和公共日常用水制订了《生活饮用水和公共日常用水水体中化学物质的最大允许浓度卫生标准》，对于渔业用水制订了《渔业用途水体中有害物质的最大允许浓度和大概的安全作用水平标准》。

为将中俄两国饮用水水源水质标准进行对比分析，将中国的《地表水环境质量标准》（GB 3838—2002）中的前三类和《生活饮用水水源水质标准》（CJ 3020—1993）与俄罗斯的《生活饮用水、公共日常用水水体的成分和性能的常规指标》、《生活饮用水和公共日常用水水体中化学物质的最大允许浓度卫生标准》（2.1.5.1315-03）及补充变更进行对比分析。

4.3.1 中俄生活饮用水水源水质标准对比分析

中国的《中华人民共和国地表水环境质量标准》（GB 3838—2002）中规定了 109 个指标，其中，基本指标 24 个，集中式生活饮用水地表水源地补充指标 5 个，集中式生活饮用水地表水源地特定指标 80 个。《生活饮用水水源水质标准》（CJ 3020—1993）中将生活饮用水水源水质分为两级，规定了 34 个指标。

俄罗斯的《生活饮用水、公共日常用水水体的成分和性能的常规指标》中规定了 14 项常规指标。《生活饮用水和公共日常用水水体中化学物质的最大允许浓度卫生标准》（2.1.5.1315-03）及补充变更中规定了 1 386 种化学物质，不但规定了化学物质的最大允许浓度，还规定了其有害性限制指标和危险等级。

4.3.1.1 常规指标对比分析

饮用水源常规指标中，中俄共有的指标有 8 个，包括温度、色度、气味、pH、溶解氧、生化需氧量、化学需氧量和大肠杆菌。但两国对相同指标的规定有所不同，具体如下：

温度：中国规定人为造成的环境水温变化应限制在周平均最大温升≤1℃；周平均最大温降≤2℃。俄罗斯规定水温不应增加超过 3℃。

色度：中国饮用水标准规定一级色度不超过 15 度，并不得呈现其他异色；二级不应有明显的异色。俄罗斯规定不应具有其他无关颜色。

气味：中国规定不得有异臭、异味。俄罗斯规定水的气味不应超过 1 度。

pH：中国地表水标准规定 pH 为 6～9，饮用水标准规定其为 6.5～8.5。俄罗斯标准规定 pH 为 6.5～8.5。

溶解氧：中国地表水标准规定 Ⅰ 类≥饱和率 90%（或 7.5 mg/L），Ⅱ 类≥6 mg/L，Ⅲ 类≥5 mg/L。俄罗斯标准规定在一年的任何时候应不少于 4 mg/L。

生化需氧量：中国地表水标准规定 Ⅰ 类≤3 mg/L，Ⅱ 类≤3 mg/L，Ⅲ 类≤4 mg/L。俄罗斯规定温度 20℃时，生活饮用水标准值≤3 mg/L，公共日常用水标准值≤6 mg/L。

化学需氧量：中国饮用水标准中包括采用重铬酸钾法和高锰酸钾法测定的化学需氧量，俄罗斯标准中只采用重铬酸钾法测定。中国地表水标准规定 Ⅰ 类≤15 mg/L，Ⅱ 类≤15 mg/L，Ⅲ 类≤20 mg/L。俄罗斯规定生活饮用水标准值≤15 mg/L，公共日常用水标准值≤30 mg/L。

大肠杆菌：中国地表水 Ⅰ 类≤200 个/L，Ⅱ 类≤2 000 个/L，Ⅲ 类≤10 000 个/L；饮用水标准，一级≤1 000 个/L，二级≤10 000 个/L。俄罗斯标准中，生活饮用水≤10 000 个/L；公共日常用水≤5 000 个/L。

在饮用水常规指标中，中国标准有而俄罗斯标准中没有的指标包括：地表水标准中的总氮；饮用水源标准中的混浊度、总硬度、溶解性总固体、总 α 放射性和总 β 放射性。

俄罗斯标准中有而中国标准中没有的指标包括：悬浮物、漂浮杂质、病原菌、水的矿化度、大肠杆菌噬菌体和水的毒性。

4.3.1.2　化学物质指标对比分析

中国的《地表水环境质量标准》（GB 3838—2002）和《生活饮用水水源水质标准》（CJ 3020—1993）中规定了 95 种化学物质；俄罗斯《生活饮用水和公共日常用水水体中化学物质的最大允许浓度卫生标准》（2.1.5.1315-03）及补充变更中规定了 1 386 种化学物质，还规定了其有害性限制指标和危险等级。

中俄两国标准中有 73 种化学物质是共有的，在这些共有物质中有 27 种化学物质的浓度限值中俄两国标准的规定是相同的，包括 1,2-二氯乙烯、苯乙烯、氯乙烯、三氯甲烷、钛、四氯化碳、铊、锑、松节油、硒、吡啶、3-硝基氯苯、钼、镍、铁、锰、对硫磷、马拉硫磷、1,1-二氯乙烯、二氯甲烷、二硝基苯、敌百虫、五氯苯酚、六氯丁二烯、硼烷、钡、苯胺。

在中俄标准共有的化学物质指标中，有 14 种化学物质中国标准中的浓度上限值比俄罗斯的低，包括锌、氯化物、氟、三氯苯、硫酸盐、丙烯腈、五氯联苯、2,4-二硝基甲苯、甲基对硫磷、敌敌畏、钒、苯并芘、乙醛、氨气。有 24 种物质中国标准中的浓度上限值比俄罗斯的高，包括 1,2-二氯乙烷、乙苯、环氧氯丙烷、氯苯、红磷、甲醛、四氯乙烯、四氯苯、硫化物、表面活性剂、内吸磷、聚丙烯酰胺、丙烯醛、砷、2,4,6-三硝基甲苯、甲苯、1,1-二氯乙烷、1,4-二氯苯、邻二氯苯、乐果、二甲苯、苯酚、六氯苯、苯。另外，有 8 种物质中俄两国的差异较小，包括氰化物、铍、铬（六价）、苯酚、铅、汞、铜、镉。

中国标准中有而俄罗斯标准中没有的化学物质有 22 种，包括三溴甲烷、三氯乙烯、氯丁二烯、异丙苯、2,4-二硝基氯苯、2,4-二氯苯酚、2,4,6-三氯苯酚、联苯胺、邻苯二甲酸二丁酯、邻苯二甲酸二乙酯、水合肼、丁基黄原酸、滴滴涕、林丹、六六六、环氧七氯、百菌清、甲萘威、溴氰菊酯、阿特拉津、微囊藻毒素-LR、黄磷。

4.3.2 中俄边界水体水质监测 40 项指标对比分析

中俄边界水体水质监测的 40 项指标包括水温、pH、溶解氧、高锰酸盐指数、化学需氧量、五日生化需氧量、氨氮、总磷、硝酸盐氮、铜、锌、硒、砷、汞、镉、铬（六价）、铅、挥发酚、石油类、阴离子表面活性剂、氯化物、铁、锰、2,4-二氯酚、三氯酚、滴滴涕、DDE、2,4-D、林丹、苯、甲苯、乙苯、二甲苯、异丙苯、氯苯、硝基苯、三氯甲烷、三氯苯、六氯苯、氟化物。

在水质评价中，中国以《地表水环境质量标准》（GB 3838—2002）中的Ⅲ类水质标准作为基准；俄罗斯以渔业及水库水质标准为基准。中俄跨界水体水质监测项目标准值见表4-10。

表 4-10 中俄边界水体水质监测项目标准值对比

序号	项目	中国评价标准值	俄国评价标准值	中国标准/俄罗斯标准
		地表水（Ⅲ类）	渔业及水库用水	
1	水温/℃	周平均最大温升≤1，周平均最大温降≤2	<28	—
2	pH	6~9	6.5~8.5	—
3	溶解氧/（mg/L）	>5	>6	—
4	高锰酸盐指数/（mg/L）	6	—	—
5	化学需氧量/（mg/L）	20	15	1.3
6	五日生化需氧量/（mg/L）	4	3	1.3
7	氨氮/（mg/L）	1.0	0.5	2.0
8	总磷/（mg/L）	0.2	0.2	1.0
9	硝酸盐氮/（mg/L）	10	40	0.25
10	铜/（mg/L）	1.0	0.001	1 000
11	锌/（mg/L）	1.0	0.01	100
12	硒/（mg/L）	0.01	0.002	5.0
13	砷/（mg/L）	0.05	0.05	1.0
14	汞/（mg/L）	0.000 1	0.000 01	10.0
15	镉/（mg/L）	0.005	0.005	1.0
16	铬（六价）/（mg/L）	0.05	0.02	2.5
17	铅/（mg/L）	0.05	0.006	8.3
18	挥发酚/（mg/L）	0.005	0.001	5.0
19	石油类/（mg/L）	0.05	0.05	1.0
20	阴离子表面活性剂/（mg/L）	0.2	0.5	0.4
21	氯化物/（mg/L）	250	300	0.8
22	铁/（mg/L）	0.3	0.1	3.0

序号	项目	中国评价标准值 地表水（III类）	俄国评价标准值 渔业及水库用水	中国标准/俄罗斯标准
23	锰/（mg/L）	0.1	0.01	10.0
24	2,4-二氯酚/（mg/L）	0.093	0.000 1	930
25	三氯酚/（mg/L）	0.2	0.000 1	2 000
26	滴滴涕/（mg/L）	0.001	0.000 01	100
27	DDE/（mg/L）	—	0.000 01	—
28	2,4-D/（mg/L）	—	0.1	—
29	林丹/（mg/L）	0.002	0.000 01	200
30	苯/（mg/L）	0.01	0.5	0.02
31	甲苯/（mg/L）	0.7	0.5	1.4
32	乙苯/（mg/L）	0.3	0.001	300
33	二甲苯/（mg/L）	0.5	0.05	10
34	异丙苯/（mg/L）	0.25	0.1	2.5
35	氯苯/（mg/L）	0.3	0.001	300
36	硝基苯/（mg/L）	0.017	0.01	1.7
37	三氯甲烷/（mg/L）	0.06	0.005	12
38	三氯苯/（mg/L）	0.02	0.001	20
39	六氯苯/（mg/L）	0.05	—	—
40	氟化物/（mg/L）	1.0	1.5	0.7

从表中可以看出：中俄跨界水体水质监测的 40 项指标中，有 5 项指标无法比较；有 30 项指标俄罗斯标准严于中国标准，特别是重金属和有机污染物等项目；有 5 项指标中国标准严于俄罗斯标准，包括硝酸盐氮、阴离子表面活性剂、氯化物、苯和氟化物。

4.4 中俄环境管理评估结论

通过对中俄环境管理手段的评估、中俄地表水监测技术规范对比分析和中俄水质标准对比分析得出结论，结论见表 4-11。

表 4-11 中俄环境管理评估结论

内 容	结 论
中俄环境管理手段的评估	在经济刺激手段、技术手段和行政手段方面中国比俄罗斯完善一些，而在法律手段、宣传教育手段和基于自愿协商的非管制手段方面俄罗斯比中国更完善一些
中俄地表水监测技术规范对比分析	《中国规范》所探讨的内容更详细一些，不仅包括地表水的监测布点与采样、监测项目、资料整编等内容，还介绍了污水监测的布点与采样、分析方法等内容。而《俄罗斯规范》将地表水监测站分为不同的等级，更加注重水体中生物指标水质的分类与监测、组织与实施地表水中农药含量变化问题等内容。监测项目中《中国规范》侧重的是污染控制指标，《俄罗斯规范》侧重的是生物要素浓度和主要离子浓度

内　容	结　论
中俄水质标准 对比分析	饮用水源常规指标中，中俄共有的指标有 8 个；化学指标中，中俄两国标准中有 73 种化学物质是共有的，在这些共有物质中，有 27 种化学物质的浓度限值中俄两国标准的规定是相同的，有 14 种化学物质中国标准中的浓度上限值比俄罗斯的低，有 24 种物质中国标准中的浓度上限值比俄罗斯的高，有 8 种物质中俄两国的差异较小；中俄跨界水体水质监测的 40 项指标中，有 5 项指标无法比较；有 30 项指标俄罗斯标准严于中国标准，特别是重金属和有机污染物等项目；有 5 项指标中国标准严于俄罗斯标准

　　综上所述，环境管理手段在经济刺激手段、技术手段和行政手段方面中国比俄罗斯完善一些，而在法律手段、宣传教育手段和基于自愿协商的非管制手段方面俄罗斯比中国更完善一些。地表水监测技术规范中《中国规范》侧重的是污染控制指标，《俄罗斯规范》侧重的是生物要素浓度和主要离子浓度。水质标准在金属和有机污染物等项目俄罗斯标准严于中国标准。

第5章　监测指标体系优化

通过对中俄环境管理的评估可以看到中俄环境管理手段、地表水监测技术规范和中俄水质标准的差异，以及这些差异导致的监测指标方面的差异，因此建立和确定符合中俄环境管理特点的跨界水体监测指标体系，对跨界水体的监测和管理具有重要意义。

5.1 边界河流指标优化的基本方法和基本原则

5.1.1 基本方法

5.1.1.1 监测指标范围的确定

根据水域监测目的和每项目的实际监测项目技术要求，选定优化监测指标范围。选定时同时兼顾跨国界河流国家双方各自对监测指标重视的差异性。

5.1.1.2 监测指标分类

将选定的监测指标范围内的监测指标根据实际工作需要分成几个类别。如分为必测项目、优化频率必测项目和选测项目 3 个类型指标。对分成几个类别的指标给予一定的定义或说明。

5.1.1.3 指标类型的确定条件

制定几个类别的确定条件。确定条件中的每个因子应与分类密切相关，同时应充分考虑所有相关的因子。

5.1.1.4 指标类型的确定

根据指标类型的确定条件分别进行初选，最后依据确定条件确定每个断面每项指标的类型。

5.1.1.5 指标类型确定结果

将每个断面每项指标类型的确定结果根据实际需要加以整理并进行分析。整理时应尽量多角度全面整理，同时应充分考虑地域特点，如北方水域应考虑不同水期其水量和水质的差异。分析优化结果时应尽量全面和多角度进行分析，如不仅应对监测指标范围内的优化结果和各个断面的优化结果进行分析，还要对不同水期及水域的优化结果进行分析。

5.1.1.6 指标优化结论

对监测指标体系的建立和优化进行全面总结，评价优化前后的差异和效果。

5.1.2 基本原则

5.1.2.1 国家利益至上原则

对于边界和跨界河流，需要考虑本国和其他当事国之间的地缘政治因素，为本国大局利益服务。中俄关系是两个对当今国际事务有重大影响的大国之间的全面战略协作伙伴关系，环境合作是这一关系的重要内容，处理好中俄间的环境关系，不仅是解决中俄间的问题，而且对通过环境保护实现"安邻、友邻、富邻"的周边外交战略有重要示范意义。在监测指标范围的确定、监测指标分类、指标类型确定条件的制定、指标类型确定结果及分析的各个环节应充分体现国家利益至上原则，要服务和服从于国家对外关系的政治要求和战略大局。

5.1.2.2 跨界双边关注同等重要原则

在监测指标范围的确定时要兼顾跨国界河流双方对监测指标重视的差异性。清醒认识中俄跨界河流水环境问题的紧迫性和复杂性，跨界河流水污染成因复杂，未来压力大，治理难，监管能力弱，并有诱发突发性水污染事件的隐患，俄罗斯对此关注程度不断提高，反映强烈，若跨界河流水质在短期内不能明显改善，俄方有关地方政府和公众就有可能随时提出各种诉求，甚至将其遇到的其他问题与我方水质状况相联系，使此问题出现复杂化和政治化的现象。

5.1.2.3 国家和地方兼顾原则

在监测指标范围的确定时选择国家和地方水环境质量标准中所要求控制的污染物，既可满足国家对污染物控制的整体要求，同时也可解决地域性特异水环境质量污染和其控制问题。

5.1.2.4 全面了解重点解决原则

在对工作目的要求必测的指标进行全面长期监测，并详细调查和掌握流域内的污染物来源以及自然和社会状况特点的基础上，方可进行监测指标体系的优化。优化时根据污染物的性质，选择危害大、影响范围广的污染物进行重点监测，为全面说清楚水环境质量现状及变化趋势和环境专项治理服务。

5.1.2.5 指标合理性原则

指标优化的结果应首先满足合理性，被优化的指标应充分考虑全面监测结果、监测工作目的技术要求和污染物来源等条件方可进行优化。

5.2 黑龙江和乌苏里江监测指标体系确定方法

5.2.1 监测指标范围选定方法

以《中华人民共和国地表水环境质量标准》（GB 3838—2002）中基本项目 24 项，集中式生活饮用水地表水源地补充项目 5 项，集中式生活饮用水地表水源地特定项目 80 项，共计 109 项为基本监测指标，根据本研究水域目前监测工作目的和每项工作目的实际监测项目技术要求，选定监测指标范围。

5.2.2　监测指标分类方法

将选定的监测指标范围内监测指标分别按每个断面和整个研究水域分为必测项目、优化频率必测项目和选测项目 3 个类型指标。

必测项目：每年按要求监测 8～12 次；

优化频率必测项目：每年仅在该项指标最不利的月份监测 1 次；

选测项目：在掌握本底值情况下根据实际工作情况可测或不测。

5.2.3　指标类型确定原则

根据水域各断面实际监测结果、监测目的和每个断面各项指标物质来源特点分别进行初选 3 个类型指标，最后确定每个断面的必测项目、优化频率必测项目和选测项目。确定条件详见表 5-1。

表 5-1　三个类型指标确定原则

类型	实际监测结果	监测工作目的项目要求	物质来源
必测项目	超标项目	要求必测或未要求必测	有来源或无来源
必测项目	检出未超标	要求必测	有来源
优化频率必测项目	检出未超标	要求必测	无来源
选测项目	检出未超标	未要求必测	有来源
选测项目	检出未超标	未要求必测	无来源
选测项目	未检出	要求必测或未要求必测	有来源或无来源

5.3　黑龙江和乌苏里江监测指标体系确定

5.3.1　监测指标选定

根据目前监测情况和实际监测项目技术要求，选定的监测指标范围为国家《地表水环境质量标准》（GB 3838—2002）的 109 项指标中的 45 项为监测指标，详见表 5-2。

表 5-2　45 项监测指标

监测目的	全流域水质状况表征系统	流域背景水质状况表征系统	预警预报系统	国控网黑龙江省子系统	流域通量水质状况表征系统	城市污染控制表征系统	饮用水源地水质状况表征系统	跨行政区界水质状况表征系统	流域规划考核水质状况表征系统	中俄联合监测系统
监测指标数	23	23	23	29	5	23	28	29	23	40
水温	√	√	√				√	√	√	√
pH	√	√	√	√	√	√	√	√	√	√
DO	√	√	√	√			√	√	√	√
高锰酸盐指数	√	√	√	√	√	√				√
COD				√				√		√
BOD$_5$	√	√	√	√	√	√	√	√	√	√
NH$_3$-N	√	√	√	√		√	√	√	√	√
总磷-P	√	√	√	√		√	√	√	√	√
NO$_3$-N				√			√	√		√
铜	√	√	√			√	√	√	√	√
锌	√	√	√			√	√	√	√	√
硒	√	√	√			√	√	√	√	√
砷	√	√	√			√	√	√	√	√
汞	√	√	√			√	√	√	√	√
镉	√	√	√			√	√	√	√	√
Cd^{6+}	√	√	√	√			√	√	√	√
铅	√	√	√	√		√	√	√	√	√
挥发酚（以苯酚计）	√	√	√	√		√	√	√	√	√
石油类	√	√	√	√	√	√	√	√	√	√
阴离子表面活性剂	√	√	√	√		√	√	√	√	√
Cl⁻				√			√	√		√
铁				√			√	√		√
锰				√			√	√		√
2,4-二氯酚										√
三氯酚										√
DDT										√
DDE										√
2,4-D										√
林丹										√
苯										√
甲苯										√
乙苯										√
二甲苯										√

监测目的	全流域水质状况表征系统	流域背景水质状况表征系统	预警预报系统	国控网黑龙江省子系统	流域通量水质状况表征系统	城市污染控制表征系统	饮用水源地水质状况表征系统	跨行政区界水质状况表征系统	流域规划考核水质状况表征系统	中俄联合监测系统
异丙苯										√
氯苯										√
硝基苯										√
氯仿										√
三氯苯										√
六氯苯										√
氟化物	√	√	√	√		√	√	√	√	√
总氰化物	√	√	√	√		√	√	√	√	
总氮	√	√	√	√		√	√	√	√	
硫化物	√	√	√	√		√	√	√	√	
粪大肠菌群	√	√	√	√		√	√	√	√	
硫酸盐					√			√		

45 项监测指标包含了国家《地表水环境质量标准》（GB 3838—2002）中基本项目、集中式生活饮用水地表水源地补充项目和集中式生活饮用水地表水源地特定项目等。同时，也满足了俄罗斯对黑龙江和乌苏里江水质关注的监测指标。

5.3.2　三类指标类型的确定

根据黑龙江和乌苏里江各污染物检出状况、各污染物超标状况、污染物来源特点，次级流域污染源分布、各断面当前承担的监测目的和各监测目的必测指标（见表 5-2、表 5-3），确定三类指标类型，结果略。

表 5-3　各断面当前承担的监测目的

监测河流名称	序号	断面名称	必测项目	①全流域	②流域背景	③预警预报	④国控网	⑤流域通量	⑥城市污染	⑦饮用水	⑧跨行政区	⑨规划考核	⑩中俄监测
黑龙江干流	1	洛古村	23	●	●								
	2	大草甸子	23	●									
	3	兴安镇	23	●									
	4	开库康镇	23	●									
	5	呼玛县上	29	●		●	●						
	6	黑河上	29	●			●		●	●			
	7	黑河下	40	●		●	●		●				●
	8	高滩村	29	●					●		●		
	9	车陆	23	●									

监测河流名称	序号	断面名称	必测项目	①全流域	②流域背景	③预警预报	④国控网	⑤流域通量	⑥城市污染	⑦饮用水	⑧跨行政区	⑨规划考核	⑩中俄监测
黑龙江干流	10	上道干	23	●									
	11	嘉荫县上	29	●		●	●						
	12	名山镇	40	●									●
	13	松花江口上	29	●			●						
	14	同江东港	40	●			●						●
	15	小河子(抚远下)	29	●		●	●						
额尔古纳河	16	额尔古纳河口内	23	●				●					
额木尔河	17	额木尔河口内	23	●				●					
呼玛河	18	呼玛河口内	23	●				●					
逊河	19	逊河口内	23	●				●					
松花江	20	同江	29	●		●	●					●	
松阿察河	21	龙王庙	40	●		●							●
	22	858九连	23	●				●					
乌苏里江干流	23	乌下穆上	23	●	●								
	24	虎头上	29	●		●	●						
	25	饶河上	23	●									
	26	饶河下	23	●									
	27	东安镇	23	●									
	28	乌苏镇	40	●		●	●						●
穆棱河	29	穆棱河口	29	●				●					
挠力河	30	挠力河口	23	●				●					

从确定的三类指标类型可以看出，每个断面各水期的必测项目、优化频率必测项目和选测项目三种指标类型数各有差异，不同水期必测项目数最多的断面主要集中在松花江入黑龙江河口及入黑龙江后江段，统计结果见表5-4和表5-5。进一步分析发现45项监测指标中有20项指标各水期均无断面需必测（表5-6）。

表5-4 黑龙江和乌苏里江水质监测断面分水情期监测项数统计

断面名称	枯水期（2月）			平水期（6月）			丰水期（8月）			优化前各断面必测项目数
	必测项数	优化频率必测项数	选测项数	必测项数	优化频率必测项数	选测项数	必测项数	优化频率必测项数	选测项数	
额尔古纳河口内	4	10	31	4	8	33	5	9	31	23
洛古村	5	11	29	8	6	31	4	9	32	23

断面名称	枯水期（2 月）			平水期（6 月）			丰水期（8 月）			优化前各断面必测项目数
	必测项数	优化频率必测项数	选测项数	必测项数	优化频率必测项数	选测项数	必测项数	优化频率必测项数	选测项数	
兴安镇	6	10	29	8	6	31	6	9	30	23
开库康镇	6	8	31	5	8	32	5	10	30	23
呼玛县上	6	13	26	7	11	27	6	12	27	29
沿江村	4	10	31	5	8	32	5	8	32	23
黑河上	6	11	28	6	12	27	6	12	27	29
黑河下（卡伦山）	7	12	26	7	10	28	6	13	26	40
高滩村	7	23	15	8	19	18	6	15	24	29
车陆	6	9	30	5	8	32	5	9	31	23
上道干	5	7	33	4	10	31	5	10	30	23
嘉荫县上	8	13	24	7	14	24	7	13	25	29
名山镇	5	11	29	6	11	28	6	13	26	40
松花江口上	7	13	25	8	13	24	6	14	25	29
同江东港	20	1	24	20	0	25	19	0	26	40
抚远上	20	0	25	20	0	25	19	0	26	23
小河子	21	0	24	20	0	25	19	0	26	29
额木尔河口内	4	8	33	4	8	33	4	8	33	23
呼玛河口内	4	9	32	4	8	33	5	9	31	23
逊河口内	5	9	31	5	6	34	4	11	30	23
同江（中）	13	0	32	17	0	28	14	0	31	29
龙王庙断面	5	9	31	4	10	31	4	10	31	40
858 九连	5	9	31	8	8	29	7	6	32	23
乌下穆上	6	10	29	6	8	31	5	9	31	23
虎头上	8	11	26	7	11	27	8	14	23	29
饶河上	7	10	28	6	11	28	6	12	27	23
饶河下	6	10	29	7	10	28	6	11	28	23
东安镇	7	9	29	5	11	29	5	12	28	23
乌苏镇	8	14	23	6	14	25	7	12	26	40
穆棱河口内	8	13	24	8	9	28	8	11	26	29
挠力河口内	8	10	27	5	11	29	6	11	28	23
合计	237	293	865	240	269	886	224	292	879	—

表 5-5 黑龙江和乌苏里江水质指标分水情期监测项数统计

监测指标名称	枯水期（2月）			平水期（6月）			丰水期（8月）		
	必测断面数	优化频率必测断面数	选测断面数	必测断面数	优化频率必测断面数	选测断面数	必测断面数	优化频率必测断面数	选测断面数
水温	31	0	0	31	0	0	31	0	0
pH	31	0	0	31	0	0	31	0	0
溶解氧	31	0	0	31	0	0	31	0	0
高锰酸盐指数	31	0	0	31	0	0	31	0	0
化学需氧量	13	0	18	19	0	12	18	0	13
五日生化需氧量	5	10	16	5	10	16	4	10	17
氨氮（以 N 计）	6	25	0	6	25	0	4	27	0
总磷（以 P 计）	4	27	0	5	26	0	5	26	0
硝酸盐氮（以 N 计）	1	8	22	4	7	20	3	7	21
铜	4	11	16	4	11	16	4	9	18
锌	2	5	24	3	7	21	0	3	28
硒	0	13	18	0	1	30	0	9	22
砷	2	20	9	0	11	20	0	22	9
汞	0	1	30	0	1	30	0	5	26
镉	0	1	30	0	1	30	0	1	30
六价铬	0	1	30	0	1	30	0	0	31
铅	0	3	28	0	4	27	0	8	23
挥发酚（以苯酚计）	4	13	14	4	10	17	7	10	14
石油类	4	5	22	9	2	20	2	3	26
阴离子表面活性剂	0	4	27	0	1	30	0	1	30
氯化物（以 Cl⁻ 计）	3	9	19	3	9	19	3	9	19
铁	15	3	13	15	4	12	14	2	15
锰	11	4	16	7	3	21	4	4	23
2,4-二氯酚	1	2	28	0	0	31	0	0	31
三氯酚	0	0	31	0	0	31	0	0	31
DDE	0	1	30	0	0	31	0	0	31
DDT	6	1	24	0	0	31	0	0	31
2,4-D	0	0	31	0	0	31	0	0	31
林丹	0	0	31	0	0	31	0	0	31
苯	0	0	31	0	0	31	0	1	30

监测指标名称	枯水期（2月）			平水期（6月）			丰水期（8月）		
	必测断面数	优化频率必测断面数	选测断面数	必测断面数	优化频率必测断面数	选测断面数	必测断面数	优化频率必测断面数	选测断面数
甲苯	0	0	31	0	0	31	0	0	31
乙苯	0	0	31	0	0	31	0	0	31
二甲苯	0	0	31	0	0	31	0	0	31
异丙苯	0	0	31	0	0	31	0	0	31
氯苯	0	0	31	0	0	31	0	0	31
硝基苯	0	0	31	0	0	31	0	0	31
氯仿	0	0	31	0	0	31	0	0	31
三氯苯	0	0	31	0	0	31	0	0	31
六氯苯	0	1	30	0	0	31	0	0	31
氟化物	4	17	10	4	27	0	4	27	0
总氰化物	4	27	0	4	27	0	4	27	0
总氮	4	27	0	4	27	0	4	27	0
硫化物	4	27	0	4	27	0	4	27	0
粪大肠菌群	4	27	0	4	27	0	4	27	0
硫酸盐	12	0	19	12	0	19	12	0	19
合计	237	293	865	240	269	886	224	292	879

表 5-6　指标优化汇总

45 项必测指标	水温、pH、溶解氧、高锰酸盐指数、化学需氧量、五日生化需氧量、氨氮（以 N 计）、总磷（以 P 计）、硝酸盐氮（以 N 计）、铜、锌、硒、砷、汞、镉、六价铬、铅、挥发酚（以苯酚计）、石油类、阴离子表面活性剂、氯化物（以 Cl⁻计）、铁、锰、2,4-二氯酚、三氯酚、DDT、DDE、2,4-D、林丹、苯、甲苯、乙苯、二甲苯、异丙苯、氯苯、硝基苯、氯仿、三氯苯、六氯苯、氟化物、总氰化物、总氮、硫化物、粪大肠菌群和硫酸盐
各水期均无断面需必测指标	硒、汞、镉、六价铬、铅、阴离子表面活性剂、三氯酚、DDE、2,4-D、林丹、苯、甲苯、乙苯、二甲苯、异丙苯、氯苯、硝基苯、氯仿、三氯苯和六氯苯等20项

5.3.3 监测指标体系优化结论

通过监测指标优化后，整体上必测项目的数量各水期有不同程度的减少。各个断面监测指标均有不同程度的优化，体现在必测指标数量上和监测频率上均有所减少。各个断面必测项目数不同水期有差异，必测项目数最多的断面主要集中在松花江入黑龙江河口及入黑龙江后江段。

附录　中俄地表水监测技术规范对比

名称	中华人民共和国环境保护行业标准——地表水和污水监测技术规范 HJ/T 91—2002	俄罗斯水文气象局系统陆上地表水污染状况监测组织与实施-自然、水界保护系统规范指导性文件 52.24.309-92
实施时间	2003 年 1 月 1 日	1993 年 1 月 1 日
总目录	前　言 1　范围 2　引用标准 3　定义 4　地表水监测的布点与采样 4.1　地表水监测断面的布设 4.2　地表水水质监测的采样 4.3　底质的监测点位和采样 5　污水监测的布点与采样 5.1　污染源污水监测点位的布设 5.2　污染源污水监测的采样 5.3　排污总量监测 6　监测项目与分析方法 6.1　监测项目 6.2　分析方法 7　流域监测 7.1　流域监测的目的 7.2　流域断面 7.3　同步监测 7.4　监测断面（点位） 7.5　省、市（区）交界断面 7.6　监测项目 7.7　流域污染物通量监测 7.8　质量保证 8　建设项目污水处理设施竣工环境保护验收监测 8.1　竣工验收监测的内容 8.2　竣工验收监测实施方案	1 概述 2 陆上地表水污染状况监测工作的组织 2.1 陆上地表水污染监测站系统的形成 2.1.1 监测站位置的设置 2.1.2 监测站内水样截取点的设立 2.1.3 监测站垂直线位置设定 2.1.4 监测站水样选取水平线设置 2.2 监测站等级设定 2.3 陆上地表水污染监测规划构成 2.3.1 监测规划形式规定 2.3.2 周期性监测规则 2.3.3 监测项目的编制 2.4 监测系统组成更新程序 2.5 监测站位置、监测项目大纲、水样截取点位置确定之前对水体、水流的勘测 3 监测、水样分析和资料整理汇总 附件： 1. 本系统规范中运用的术语及其解释 2. 监测站内的水样截取点的位置 3. 监测站水样截取点垂直线的位置 4. 监测站垂直线上水平线位置 5. "国家自然环境污染监测总署"监测系统内水体、水流监测站的级别与监测站的位置划分 6. 水文指标和水文化学指标项目监测的形式 7. 一些企业污水影响区水特性和成分指标确定 8. 水体、水流监测常见农药列表 9. 生物指标监测大纲 10. 水文化学指标监测大纲样式和监测周期 11. 陆上地表水农药含量监测时间和周期 12. 生物指标监测周期 13. 水体、水流水底有机氯农药含量监测时间和周期 14. "国家自然环境污染监测总署"水文气象环境监测局业务面积内陆上地表水水文化学指标监测大纲 15. "水文气象环境监测局"业务面积陆上地表水农药含量监测大纲 16. "水文气象环境监测局"业务面积陆上地表水水底农药含量监测大纲

名称	中华人民共和国环境保护行业标准——地表水和污水监测技术规范 HJ/T 91—2002	俄罗斯水文气象局系统陆上地表水污染状况监测组织与实施-自然、水界保护系统规范指导性文件 52.24.309-92
	8.3　监测布点与采样 8.4　监测项目与分析方法 8.5　质量保证 8.6　评价标准 8.7　总量控制 8.8　数据处理与分析 8.9　验收监测报告（表） 9　应急监测 9.1　突发性水环境污染事故 9.1.1　应急监测的目的与原则 9.1.2　采样 9.1.3　监测方法 9.1.4　应急监测报告 9.2　洪水期与退水期水质监测 9.2.1　监测目的 9.2.2　监测的基本任务与要求 9.2.3　监测点位布设原则 9.2.4　采样 9.2.5　监测频次与时段 9.2.6　监测项目 9.2.7　监测分析方法 9.2.8　质量保证 9.2.9　数据处理与报告 10　监测数据整理、处理与上报 10.1　原始记录 10.2　测量数据的有效数字及规则 10.3　数值修约规则 10.4　近似计算规则 10.5　监测结果的表示方法 10.6　校正曲线 10.7　分析结果的统计要求 10.8　数据上报 11　监测质量保证与质量控制	17. 监测站说明书样式 18. "国家自然环境污染监测总署"水文气象环境监测局陆上地表水污染监测系统成分改变的信息论据 19. 水体、水流生物指标水质分类 20. 水文气象环境污染监测局业务面积内陆上地表水水底农药沉积含量监测结果

名称	中华人民共和国环境保护行业标准——地表水和污水监测技术规范 HJ/T 91—2002	俄罗斯水文气象局系统陆上地表水污染状况监测组织与实施-自然、水界保护系统规范指导性文件 52.24.309-92
	11.1 质量保证的组织机构 11.2 监测人员的素质要求 11.3 监测仪器管理与定期检查 11.4 水质监测分析方法的选用和验证 11.5 水质监测布点采样的质量保证 11.6 分析实验室的基础条件 11.7 监测分析实验室内部质量控制 11.8 实验室间的质量控制 11.9 质量保证管理 11.10 水质监测安全 12 资料整编 12.1 原始资料的整理 12.2 填写监测项目和分析方法表 12.3 汇总监测结果 12.4 监测结果年度统计	
共同阐述的内容	范围、引用标准、定义、地表水监测的布点与采样、监测项目、水样采集、资料整编等	
不同内容	污水监测的布点与采样、分析方法、流域监测、建设项目污水处理设施竣工环境保护验收监测、应急监测、监测数据整理、处理与上报、监测质量保证与质量控制等	监测站等级设定、监测规划形式规定、监测系统组成更新程序、监测站位置、监测项目大纲、水样截取点位置确定之前对水体及水流的勘测、"国家自然环境污染监测总署"监测系统内水体、水流监测站的级别与监测站的位置划分、生物指标监测大纲、陆上地表水农药含量监测时间和周期、水体、水流生物指标水质分类等
1. 范围	本规范适用于对江河、湖泊、水库和渠道的水质监测,包括向国家直接报送监测数据的国控网站、省级(自治区、直辖市)、市(地)级、县级控制断面(或垂线)的水质监测,以及污染源排放污水的监测	本系统规范不适用于特殊紧急情况下的水库、水沟水质监测,不适用于地下水质量的监测与控制,不适用于其他一些特种监测。本系统规范仅用于隶属于"国家自然环境污染状况监测总署"的俄罗斯水文气象监测局属下的业务生产核算科研分部对陆上地表水污染状况监测的组织与实施

名称	中华人民共和国环境保护行业标准——地表水和污水监测技术规范 HJ/T 91—2002	俄罗斯水文气象局系统陆上地表水污染状况监测组织与实施-自然、水界保护系统规范指导性文件 52.24.309-92			
2. 引用标准	GB 6816—86、GB 11607—89、GB 12997—91、GB 12998 91、GB 12999—91、GB 5084—92、GB/T 14581—93、GB 50179—93、GB15562.1—1995、GB 8978—1996、GB3838—2002、HJ/T 15—1996、卫生部 卫法监发[2001]161号文，生活饮用水卫生规范、ISO 555-1：1973、ISO 555-2：1987、ISO 555-3：1987、ISO 748：1979、ISO 1070：1973	国家标准制订部 17.0.0.02-79、国家标准制订部 17.1.1.01-77、国家标准制订部 17.1.1.02-77、国家标准制订部 17.1.2.04-77、国家标准制订部 17.1.5.01-80、国家标准制订部 17.1.5.04-81、国家标准制订部 17.1.5.05-85、国家标准制订部 19179-79、国家标准制订部 1985-73、国家标准制订部 27065-86、国家标准制订部 19856、国家标准制订部 27384-87、经济互相联盟标准 5557-86、指导性文件 11802-90、指导性文件 52.18.263-90、指导性文件 52.24.127-87、指导性文件 52.24.267-85、指导性文件 52.24.268-86、苏联卫生部 1988 年地表水污染防护卫生标准与规范 4630-88、水质科学技术标准 6341、高山和高山河流水文化学监测临时指南、地表水生物工业质量第一册 1987 年水文气象出版社第 11 章、水文气象站和水样截取站、水样和化学、水文生物分析泥土准备，第一日水文生物分析临时系统规范、A.A.卢契舍娃主编的《实用水文测量学》1972 年水文气象出版第 11 章、全国自然环境污染监测局系统陆上地表水监控组织与实施系统规范 1977 年水文气象出版第 11 章、"全国自然环境监控局"水体、水流水质监控系统组织原则系统规范			
3. 定义	潮汐河流、水质监测、流域、流域监测、水污染事故、瞬时水样、等比例混合水样、等时混合水样、采样断面、背景断面、对照断面、控制断面、削减断面、入海口、入河排污口、自动采样、比例采样器、油类、排污总量等	水体、地表水、水流、水库、河流、河水发源地、河口、入海口、湖泊、污染源、水质污染物质、水体污染、水体污染率、自然水自动净化、水体污染物扩散区、污染源影响区、水质基本指数影响值、地表水污染监测站、贮水池、水质、水质标准、水中有害物质限制标记、水质控制、水体状况、用水、污水、标准净化污水、监测站水样截取点、完全混合地点、基本混合水域等			
4. 地表水监测的布点与采样	**4.1 地表水监测断面的布设** 监测断面在总体和宏观上须能反映水系或所在区域的水环境质量状况。各断面的具体位置须能反映所在区域环境的污染特征；尽可能以最少的断面获取足够的有代表性的环境信息；同时还须考虑实际采样时的可行性和方便性	地表水水库、水沟污染状况的监测断面选择时，应考虑尽量将监测断面设置在可以获得该水库、水沟有代表性水的特征和成分，易于开展综合性工作并取得相关资料的水域。当居民区附近有多个污染源时，监测断面的选择应设立在居民区所在整个区域内的水库、水沟中，而不是只针对几个污染源设立监测断面。最先考虑在那些对国民经济有重要意义的污水排放致使工业、农业经济生活受污的地区设立监测断面，同时在那些没有受污的水库、水沟及其水域同样也设立监测断面以防患于未然			
	4.2 采样点位置的确定 水面宽　　　垂线数 ≤50 m　　　一条（中泓） 50～100 m　二条（近左、右岸有明显水流处） >100 m　　三条（左、中、右）	类型	垂线数的确定	垂线数	垂线位置
		水体	污染区宽度	不少于 2 个	第一个在距污水排放地点 0.5 km 之内；最后一个设立在污染区之外
		水流	水样化学成分不均匀	不少于 3 个	距离水岸 3～5 m 处（2 个），在最大流速线上
			水样化学成分均匀	1 个	最大流速线上

名称	中华人民共和国环境保护行业标准——地表水和污水监测技术规范 HJ/T 91—2002	俄罗斯水文气象局系统陆上地表水污染状况监测组织与实施-自然、水界保护系统规范指导性文件 52.24.309-92
4. 地表水监测的布点与采样 4.2 采样点位的确定	水深　　采样点数 ≤5 m　上层 1 点 5～10 m　上、下层 2 点 >10 m　上、中、下层 3 点 注：1. 上层指水面下 0.5 m 处，水深不到 0.5 m 时，在水深 1/2 处。2. 下层指河底以上 0.5 m 处。3. 中层指 1/2 水深处。4.封冻时在冰下 0.5 m 处采样，水深不到 0.5 m 处时，在水深 1/2 处采样。5.湖库（水深 5～10 m、分层）在 1/2 斜温层增设一点。6.湖库（水深>10 m）除水面下 0.5 m，水底上 0.5 m 处外，按每一斜温层 1/2 处设置	类型　水深　　　　　　　　　　　　　采样点数 水体　5 m　　1（水面） 　　　10 m　　2（水面，水底） 　　　20 m　　3（水面；水底；10 m 处） 　　　50 m　　4（水面；水底；10 m 处；20 m 处） 　　　100 m　5（水面；10 m 处；20 m 处；50 m 处；水底） 　　　>100 m　6（水面；10 m 处；20 m 处；50 m 处；100 m 处；水底） 水流　≤5 m　　1（水面） 　　　5～10 m　2（水面；水底） 　　　>10 m　3（水面；水底；深度一半处） 注：通常水平线的数量取决于水体深度和水流的改变：一般深度达到 5 m 设置一个水平线（夏季距水面 0.2～0.3 m，冬季水平线设置在下部的冰层面上），深度达 5～10 m 时，设置两个水平线（一个在水面，另一个距水底 0.5 m 处），深度超过 10 m 时设置 3 个水平线。对于层积贮藏型水体在密度跳跃层内设置附加水平线
4.3 地表水水质采样频次与采样时间	1. 饮用水源地、省（自治区、直辖市）交界断面中需要重点控制的监测断面每月至少采样一次。 2. 国控水系、河流、湖库上的监测断面，逢单月采样一次，全年六次。 3. 水系的背景断面每年采样一次。 4. 受潮汐影响的监测断面的采样，分别在大潮期和小潮期进行。每次采集涨、退潮水样分别测定。涨潮水样应在断面处水面涨平时采样，退潮水样应在水面退平时采样。 5. 国控监测断面每月采样一次，在每月 5—10 日内进行采样	1. 按照监测站的相应级别进行周期性监测活动。 2. 监测主要时间段为春季上涨时、水位上涨到最高时和水位下降时；夏季枯水期的最小流量时和雨水汛期、秋季结冰前和冬季枯水期一年 7 次。 3. 依据农药的持久性和监测站的级别对地表水中农药含量进行周期性监测。 4. 以一年为一个周期依据生物指数进行周期性监测或者以 5 年为一个周期依据生物指数进行周期性监测
4.4 底质的监测点位和采样	底质样品的监测主要用于了解水体中易沉降，难降解污染物的累积情况	一年至少两次对河床沉积物中的农药含量进行周期性监测。依据水体、水流水文情况和农药进入河床并形成最大量沉积时提取水样

名称		中华人民共和国环境保护行业标准——地表水和污水监测技术规范 HJ/T 91—2002	俄罗斯水文气象局系统陆上地表水污染状况监测组织与实施-自然、水界保护系统规范指导性文件 52.24.309-92
5. 监测项目	地表水监测项目（11 项相同）	地表水中分河流、集中式饮用水源地、湖泊水库、排污河渠 4 类。其中河流中心必测项目共24项：水温、pH、溶解氧、高锰酸盐指数、化学需氧量、BOD5、氨氮、总氮、总磷、铜、锌、氟化物、硒、砷、汞、镉、铬（六价）、铅、氰化物、挥发酚、石油类、阴离子表面活性剂、硫化物和粪大肠菌群	必测项目包括水文指标和水文化学指标共 45 项：水量、流速、水温、pH、氧化还原能力、电导率、悬浮物、色度、清澈度、味道、溶解氧、二氧化碳、氯化物、硫酸盐、碳水化合物、钙离子、镁离子、钠离子、钾离子、离子总和、化学需氧量、生物需氧量、铵离子、亚硝酸盐、硝酸盐、磷酸盐、铁、硅、石油产品、挥发性石碳酸、铜、锌、铬、三化合价铬、锰、汞、镉、镍、砷、铅、铝、钼、锡、钴、钒。 包括 3 个简化项目：简化项目 1 中包括的指标：水量、水温、电导率、溶解氧；简化项目 2 中包括的指标：水量、水温、pH、电导率、溶解氧、悬浮物、化学需氧量、生物需氧量、该监测站两种主要污染物的浓度；简化项目 3 中包括的指标：水量、流速、水温、pH、溶解氧、悬浮物、化学需氧量、生物需氧量、该监测站所有主要污染物的浓度
	工业废水监测项目	工业废水分61种工业类型列出必测和选测项目	工业废水分 34 种工业类型列出出水特性和成分指标
	底质监测项目（有机氯农药相同）	必测项目：砷、汞、烷基汞、铬、六价铬、铅、镉、铜、锌、硫化物和有机质。 选测项目：有机氯农药、有机磷农药、除草剂、PCBs、烷基汞、苯系物、多环芳烃和邻苯二甲酸酯类	河底农药沉积监测项目：六氯化苯、二氯苯、三氯甲基烷、二氯二苯基乙烯、滴滴涕
6. 水样采集		详细介绍了采样前的准备（确定采样负责人、制定采样计划、采样器材与现场测定仪器的准备）、采样方法、水质采样记录表、水样的保存及运输	按照标准的水样采集和采集设备的文件规定进行水样采集工作，参考的文件有"水样采集地点和水文气象站临时系统规范"、"化学及水文生物分析水样和水底样本准备和初步分析"（1983 年水文气象出版社第 12 章第 27 页）；国家标准制订部 17.1.5.01；国家标准制订部 17.1.5.04；国家标准制订部 17.1.5.05；自然水和沉积物生物显示和生物试验（1989 年水文气象出版社第 11 章第 185-210 页）
7. 资料整编		监测资料的整编由各级环境监测站负责完成。 水质监测实验室委派负责人负责地表水和污水监测资料的整理工作。在资料整理时，对水和污水监测的各个环节；监测断面、垂线、排污口、采样点的布设，样品的采集、保存、运送、监测项目、分析方法、校准曲线的绘制、分	在实验内对地表水污染情况进行监测或者在给定实验室内对自然界污染情况进行监测后得到的水样分析结果资料由"全国自然环境污染监测总署"以"戈梅利化工厂期刊"的形式编订成特殊的标准性文件。 "戈梅利化工厂期刊"经过检查后发送到领土（或者区域）信息整理中心（塔吉克斯坦国立医学院和区域水文气象中心）和国家化工学院核算中心，这些资料将被制作成技术载体（磁带）。经过对磁带副本的校正后再将其返回到国家化工学院，在此基础上形成名为"水文化学"的参考资料库。 根据联邦水文环境监测局的指示以特定的标准形式和时间"塔吉克斯坦国立医学院和区域水文气象中心"，水文气象局以技术载体为基础将监测结果和总结性信息文件上交至国家化工学院和全球气候生态学院

名称	中华人民共和国环境保护行业标准——地表水和污水监测技术规范 HJ/T 91—2002	俄罗斯水文气象局系统陆上地表水污染状况监测组织与实施-自然、水界保护系统规范指导性文件 52.24.309-92
7. 资料整编	析结果等均按本规范要求进行全面检查，认真核实。发现可疑之处，应查明原因，予以纠正。当原因不明时，应如实说明情况，但不得任意修改或舍弃数据。 所整理的资料都应经组、室、站三级审核、签字，并由室分别按时间顺序装订成册，由站技术档案室存档	

参考文献

[1] 曾思育. 环境管理与社会科学研究方法[M]. 北京：清华大学出版社，2004.

[2] 国冬梅，等. 中俄不同用途水质标准对比分析研究报告[R]. 北京：环保部环境与经济政策研究中心国际所，2009.

[3] 徐庆华. 中国国际区域环境合作文件汇编[G]. 北京：中国环境科学出版社，2006.

[4] 朱玉栋. 全球水质监测操作指南[M]. 北京：中国环境监测总站，1993.

[5] 国家环境保护总局国际合作司. 国家环保总局—双边环境合作文件汇编[G]. 北京：中国环境科学出版社，2007.

[6] 国家环境保护局科技标准司. 水环境标准工作手册[M]. 1997.

[7] 赵来军. 我国流域跨界水污染纠纷协调机制研究——以淮河流域为例[M]. 上海：复旦大学出版社，2007.

[8] 何大明，冯彦. 国际河流跨境水资源合理利用与协调管理[M]. 北京：环境科学出版社，2006.

[9] 董哲仁. 莱茵河——治理保护和国际合作[M]. 郑州：黄河水利出版社，2005.

[10] 施宏伟，叶亚妮. 西方水资源与水环境管理模式演进及其有效性评价[J]. 生态环境，2007：369-372.

[11] 杨道军，钱新，殷福才，等. 因子分析与聚类法的复合模型在水环境评价和管理中的应用[J]. 环境科学与管理，2007，32（4）：155-158.

[12] 杨玉川，罗宏，张征，等. 我国流域水环境管理现状[J]. 北京林业大学学报，2005，4（1）：20-24.

[13] 黎春蕾，丁贤荣，徐志扬，等. 太湖流域水环境评价与环境管理系统的研制与开发[J]. 水利科技与经济，2005，11（10）：633-635.

[14] 田一平，肖锐敏. 水环境数学模型在河流水质管理规划中的应用[J]. 干旱环境监测，1991，5（3）：182-188.

[15] 张达斌，高京广. 水环境评价的灰色聚类方法及在环境管理中的应用[J]. 广东工业大学学报（社会科学版），2003，增刊（3）：84-86.

[16] 李本纲，陶澍，曹军. 水环境模型与水环境模型库管理[J]. 水科学发展，2002，13（1）：14-20.

[17] 李树文，赵秀娟，赵桂芳，等. 水环境管理模型的结构与约束条件分析[J]. 河北建筑科技学院学报，2001，18（4）：30-33.

[18] 鲁肃. 防止水旱灾害为新农村建设提供安全保障[J]. 防汛与抗旱，2006（10）：7.

[19] 程西方. 日本水环境理念及管理措施分析[J]. 水资源研究，2006（10）：5-7.

[20] 崔磊，赵璇，王本. 区域水环境信息管理系统的开发和应用[J]. 清华大学学报（自然科学版），2008，48（3）：443-447.

[21] 唐崇杰，林继发. 区域水环境管理决策支持系统的研究和开发[J]. 资源环境与发展，2007（3）：30-34.

[22] 周洪涛. 浅析黑龙江流域水环境管理与水污染的防治[J]. 西伯利亚研究，2007，34（2）：68-70.

[23] 刘婷婷，史明昌，戴丽. 流域水环境监测管理系统设计与应用[J]. 信息技术，2008：28-32.

[24] 王晓玲，段文泉，陈夺峰，等. 流域水环境管理信息系统及可视化技术应用研究[J]. 水利水电技术，2005，36（4）：14-17.

[25] 姜彤. 莱茵河流域水环境管理的经验对长江中下游综合治理的启示[J]. 水资源保护，2002（3）：45-50.

[26] 王灿发. 跨行政区水环境管理立法研究[J]. 现代法学，2005，27（5）：130-140.

[27] 俞文泰，王烈鑫，董灵平，等. 决策支持系统的智能化及其在水环境管理中的应用[J]. 浙江工学院学报，1993，58（1）：72-79.

[28] 于明洋. 基于 VB+MAPX 的 GIS 系统设计及开发研究[J]. 山东省农业管理干部学院学报，2005，21（6）：157-159.

[29] 孙永旺，朱建军，王蕾，等. 基于 GIS 的水环境管理信息系统的研究[J]. 测绘科学，2007，32（5）：165-167.

[30] 成筠，张俊耀. 基于 GIS 的三峡水库水环境管理系统[J]. 人民长江，2007，38（8）：28-30.

[31] 李思莉，王晓青. 基于 C/S 模式的长江上游流域水环境管理及预报系统[J]. 科学研究：103-104.

[32] 钱家忠，赵卫东，李开红，等. 基于"3S"技术的水环境管理信息系统模式[J]. 合肥工业大学学报，2002，25（4）：510-513.

[33] 杨文慧，严忠民，吴建华. 河流健康评价的研究进展[J]. 河南大学学报（自然科学版），2005，33（6）：607-611.

[34] 晨曦. 国外水环境和水资源管理法规简介[J]. 地下水，1988（2）：65-74.

[35] 王增愉. 关于水环境的管理及监测体制[J]. 环境监测管理与技术，1992，4（1）：20-23.

[36] 姚文艺. 俄罗斯水资源水环境管理与研究进展[J]. 人民黄河，2006，28（3）：44-48.

[37] 苏海，彭彪. GIS 在水环境信息管理系统中的应用[J]. 人民长江，2001，32（7）：18-19.

[38] 付晓亮. GEF 海河流域水资源与水环境综合管理项目管理信息系统应用分析[J]. 水利信息化，2006（6）：55-60.

[39] 刘国华，张云. 3S 技术在水文水环境与水资源管理中的应用[J]. 河南机电高等专科学校学报，2006，14（1）：44-46.

[40] Abbott M B，Minns A W. Computational Hydraulics（2nd Edition）. Ashgate Publishing Company，London，1998.

[41] Bendoricchio G，De Boni G. A water-quality model for the Lagoon of Venice，Italy. Ecological Modelling，2005，184：69-81.

[42] 蔡文. 可拓集合和不相容问题[J]. 科学探索学报，1983.

[43] Cai W. Extension Theory and its Applications. Chinese Science Bulletin，1999，44（17）：1538-1547.

[44] 蔡文，杨春燕，何斌. 可拓逻辑初步[M]. 北京：科学出版社，2003.

[45] Chen Q，Tan K，Zhu C，Li R. Development and application of a two-dimensional water quality model for the Daqinghe River Mouth of the Dianchi Lake. Journal of Environmental Sciences，2009，21：313-318.

[46] Chilundo M，Kelderman P，O'keeffe J. Design of a water quality monitoring network for the Limpopo River Basin in Mozambique. Physics and Chemistry of the Earth，Parts A/B/C，2008，33（8-13）：655-665.

[47] Delft3D-WAQ. Technical Reference Manual for Delft3D-WAQ，WL | Delft Hydraulics，Version 3. 01，1999.

[48] 高明慧. 用物元分析进行水质环境监测优化布点的研究[J]. 环境科学进展，1997，5（3）：77-81.

[49] Hunt C，Rust S，Sinnott L. Application of statistical modeling to optimize a coastal water quality monitoring program. Environmental Monitoring and Assessment，2008，137（1）：505-522.

[50] Icaga Y. Genetic Algorithm Usage in Water Quality Monitoring Networks Optimization in Gediz（Turkey） River Basin. Environmental Monitoring and Assessment，2005，108（1）：261-277.

[51] Ji Z. Hydrodynamics and Water Quality，Modelling Rivers，Lakes and Estuaries. John Wiley & Sons，Honoken，New Jersey，2008.

[52] Julien，P Y. River Mechanics. UK：Cambridge University Press，2002.

[53] Karamouz M，Kerachian R，Akhbari M，et al. Design of River Water Quality Monitoring Networks：A Case Study. Environmental Modeling and Assessment，2009，14（6）：705-714.

[54] Khalil B，Ouarda T B M. Statistical approaches used to assess and redesign surface water-quality-monitoring networks. Journal of Environmental Monitoring，2009，11（11）：1915-1929.

[55] Lao S L，Kuo J T，Wang S M. Water quality monitoring network design of Keelung River，Northern Taiwan. Water Science and Technology，1996，34（12）：49-57.

[56] Letcher R A，Jakeman A J，Calfas M，Linforth S，Baginska B，Lawrence I. A comparison of catchment water quality models and direct estimation techniques. Environmental Modelling & Software，2002，17（1）：77-85.

[57] 梁伟臻，叶锦润，静杨. 模糊聚类分析法优化城市河涌水质监测点[J]. 环境监测管理与技术，2002，14（3）：6-7.

[58] Lobuglio J N，Characklis G W，Serre M L. Cost-effective water quality assessment through the integration of monitoring data and modeling results. Water Resources Research，2007，43：1-16.

[59] Ma F，Jiang L. River water quality monitoring sections optimal settings research. Environmental Science and Management，2006，31（8）：171-172.

[60] MacDonald D D，Clark M J R，Whitfield P H，et al. Designing monitoring programs for water quality based on experience in Canada I. Theory and framework. TrAC Trends in Analytical Chemistry，2009，28（2）：204-213.

[61] Mahjouri N，Kerachian R. Revising river water quality monitoring networks using discrete entropy theory：the Jajrood river experience. Environmental Monitoring and Assessment，2011，175，291-302.

[62] Ouyang Y. Evaluation of river water quality monitoring stations by principal component analysis. Water Research，2005，39：2621-2635.

[63] Park S-Y，Choi J H，Wang S，et al. Design of a water quality monitoring network in a large river system using the genetic algorithm. Ecological Modelling，2006，199（3）：289-297.

[64] Solomatine D P. Genetic and other global optimization algorithms- comparison and use in model

calibration. Proceedings of International Conference on Hydroinformatics-98，Balkema，Rotterdam，1998：1959-1966.

[65] Solomatine D P. Two strategies of adaptive cluster covering with descent and their comparison to other algorithms. Journal of Global Optimization，1999，14（1）：55-78.

[66] Strobl R，Robillard P，Day R，et al. A water quality monitoring network design methodology for the selection of critical sampling points：Part II. Environmental Monitoring and Assessment，2006a，122（1）：319-334.

[67] Strobl R，Robillard P，Shannon R，et al. A Water Quality Monitoring Network Design Methodology for the Selection of Critical Sampling Points：Part I. Environmental Monitoring and Assessment，2006b，112（1）：137-158.

[68] Strobl R O，Robillard P D. Network design for water quality monitoring of surface freshwaters：A review. Journal of Environmental Management，2008，87（4）：639-64.

[69] Telci I T，Nam K，Guan J，et al. Optimal water quality monitoring network design for river systems. Journal of Environmental Management，2009，90（10）：2987-2998.

[70] Wang J. Extension Set Theory，Extension Engineering Method and Extension System Control. Academic Open Internet Journal，2001，V5，http：//www. acadjournal. com/2001/v5/part5/p1/.

[71] 王子健，王东红. 饮用水安全评价. 北京：化学工业出版社，2008.

[72] Ward R C，Loftis J C，McBride G B. Design of Water Quality Monitoring System. New York：John Wiley & Sons Inc.，1990.

[73] 吴文强，陈求稳，李基明，等. 江河水质监测断面优化方法. 环境科学学报，2010，30（8）：1537-1542.

[74] Chen Q，Wu W，Blanckaert K，et al. Optimization of water quality monitoring network in a large river by combining measurements，a numerical model and matter-element analyses. Journal of Environmental Management，2012，110：116-124.